热冲击作用下干热岩
结构劣化与损伤机理

吴星辉 著

北　京
冶　金　工　业　出　版　社
2024

内 容 提 要

本书共分为 6 章，主要内容包括：绪论，热损伤花岗岩物理参数改性效应及数学模型研究，热损伤花岗岩微观结构变化及其表征方法，热损伤花岗岩拉压特性的温度效应及损伤机理研究，热损伤花岗岩围压效应及强度准则研究，地热储层应力场分布及强度破坏区域演化研究。

本书可供地热工程、岩石力学工程、采矿工程、石油工程等领域的科研及工程技术人员阅读，也可供高等院校相关专业师生参考。

图书在版编目（CIP）数据

热冲击作用下干热岩结构劣化与损伤机理／吴星辉著．－－北京：冶金工业出版社，2024．9．－－ISBN 978－7-5024-9971-6

Ⅰ．P314

中国国家版本馆 CIP 数据核字第 20246TB224 号

热冲击作用下干热岩结构劣化与损伤机理

出版发行	冶金工业出版社	电　话	(010)64027926
地　址	北京市东城区嵩祝院北巷 39 号	邮　编	100009
网　址	www.mip1953.com	电子信箱	service@ mip1953.com

责任编辑　郭冬艳　美术编辑　吕欣童　版式设计　郑小利
责任校对　梅雨晴　责任印制　窦　唯
北京印刷集团有限责任公司印刷
2024 年 9 月第 1 版，2024 年 9 月第 1 次印刷
710mm×1000mm　1/16；10 印张；194 千字；150 页

定价 68.00 元

投稿电话　(010)64027932　投稿信箱　tougao@cnmip.com.cn
营销中心电话　(010)64044283
冶金工业出版社天猫旗舰店　yjgycbs.tmall.com
（本书如有印装质量问题，本社营销中心负责退换）

前　言

社会的发展和人们生活水平的提高都离不开能源的消耗，能源储备和开发成为世界关注的重点。我国的能源构成以煤炭能源为基础，多种能源共同发展。煤、天然气、石油属于不可再生能源，在短期内无法再次形成，其储量是有限的，而地热能作为一种可再生的清洁能源，既可用作居民供暖，也可用于工业发电，地热能的合理开发和利用对缓解我国能源压力、保障生态环境、促进能源安全具有重要意义。

地热能主要赋存于地球深部，根据赋存条件主要分为水热型地热能和干热岩型地热能。目前，对于干热岩型地热能的开采以换热技术为主，主要采用增强型地热系统（Enhanced Geothermal System, EGS）进行开采。EGS 系统是通过水力致裂等压裂技术激发深部储层岩体形成新裂隙或诱发原生裂隙贯通，最终在储层内部形成裂隙网络。裂隙网络形成后，低温工质（水、液氮等）通过裂隙网络对高温岩体进行冷却，进而完成热能提取。然而高温岩体在进行冷却的同时，物理力学特性会发生变化。储层岩石物理力学特性的变化可能会降低裂隙网络的连通率，从而影响地热开采效率。

国内外学者对不同温度作用下的岩体物理力学特性变化做了大量的研究，总结了温度对岩石物理力学特性的演化规律。而针对热损伤花岗岩物理力学的演化规律研究，目前多集中在升温过程对花岗岩物理力学特性的影响方面，而热冲击花岗岩与冷媒介质在冷却作用下的物理力学特性及损伤机理的研究尚不完善。在地热开采过程中，高温储层岩石遇水冷却后物理力学性质发生变化，在周边恒定应力条件下，储层应力场发生改变，从而影响储层裂隙网络的形成。因此，研究热冲击花岗岩与冷媒介质冷却后的物理力学特性，能够为地热开采的评估和控制提供科学依据。

本书针对地热开采过程中高温储层遇水冷却引起的岩石热损伤问题，采用试验研究、理论推导、数值计算等研究手段，掌握热损伤花岗岩多物理参数之间的相关性，建立了基于多物理参数关系的数学模型；探讨岩石晶粒微观结构变化，分析了温度对花岗岩微观结构变化的影响；根据岩石微观结构变化引起的岩石力学性质劣化情况，建立了不同温度作用下的岩石热损伤模型；针对不同温度、围压作用下花岗岩强度的变化，推导了高应力条件下的热损伤花岗岩强度准则；以羊八井地热系统为工程背景，模拟了地热开采过程对储层温度场和应力场的影响，利用热损伤花岗岩强度准则得到了储层破坏区域的演化规律，探讨了天然裂缝形成次生裂隙的破裂压力，为地热工程合理、高效开采提供理论指导和科学依据。

在本书出版之际，衷心感谢蔡美峰院士的谆谆教导，感谢课题组纪洪广教授、李长洪教授、乔兰教授、苗胜军教授、任奋华教授、谭文辉副教授、郭奇峰副教授、王培涛副教授、黄正均高级工程师、席迅副教授、李鹏老师、张英老师、潘继良老师对本书提出的修改意见和建议。同时，本书内容涉及的研究得到中国工程院重点咨询研究项目"深部矿产和地热资源共采战略研究"（2019-XZ-16）的资助，在此一并表示诚挚的感谢。

本书在撰写过程中，参阅了相关科技领域的文献资料，在此向文献作者致以谢意。

由于作者水平所限，书中难免有不当之处，敬请读者批评指正。

作　者

2024 年 4 月

目　　录

1　绪论 ··· 1

　1.1　研究背景及意义 ··· 1

　1.2　高温岩石物理力学特性试验研究现状 ······················· 2

　　1.2.1　不同受热温度岩石物理性质变化 ······················· 3

　　1.2.2　高温岩石力学特性变化 ······························· 5

　　1.2.3　高温岩石物理力学特性阈值研究 ······················· 8

　1.3　热损伤岩石微细观结构研究现状 ····························· 9

　1.4　热损伤岩石强度准则研究现状 ······························· 11

　1.5　热损伤岩石数值模拟研究现状 ······························· 13

2　热损伤花岗岩物理参数改性效应及数学模型研究 ················· 15

　2.1　岩石材料及试验方案 ··· 15

　　2.1.1　岩石试样 ··· 15

　　2.1.2　试验方案 ··· 16

　2.2　热损伤花岗岩物理特性变化规律 ····························· 21

　　2.2.1　质量、体积和密度演化特征 ··························· 22

　　2.2.2　纵波速度演化特征 ··································· 27

　　2.2.3　导热特性演化特征 ··································· 28

　2.3　热损伤花岗岩物理参数的数理统计分析 ······················· 32

　　2.3.1　热损伤花岗岩物理参数改性效应分析 ··················· 32

　　2.3.2　热损伤花岗岩物理参数关系的数学模型 ················· 33

　2.4　本章小结 ··· 36

3　热损伤花岗岩微观结构变化及其表征方法 ······················· 38

　3.1　试验方案 ··· 38

　3.2　热损伤花岗岩微观结构形貌分析 ····························· 39

　　3.2.1　岩石切面微裂隙形貌 ································· 40

　　3.2.2　岩石晶粒结构和微观断口形貌 ························· 41

3.3　热损伤花岗岩孔隙结构演化特征 …………………………………… 43

　3.3.1　岩石孔隙度演化 …………………………………………… 43

　3.3.2　岩石孔隙类型演化 ………………………………………… 45

　3.3.3　岩石孔隙数量演化 ………………………………………… 47

3.4　热损伤花岗岩孔隙分形特征研究 ………………………………… 49

　3.4.1　分形理论的基本原理 ……………………………………… 49

　3.4.2　基于孔隙半径的分形维数模型 …………………………… 50

　3.4.3　地热储层热储集性能分析 ………………………………… 51

3.5　本章小结 ……………………………………………………………… 55

4　热损伤花岗岩拉压特性的温度效应及损伤机理研究 ……………… 57

4.1　试验方案 ……………………………………………………………… 57

　4.1.1　热损伤花岗岩单轴压缩试验设备与方案 ………………… 57

　4.1.2　热损伤花岗岩巴西劈裂试验设备与方案 ………………… 58

4.2　温度变化对花岗岩抗压特性的影响 ……………………………… 60

　4.2.1　热损伤花岗岩应力-应变关系变化规律 ………………… 61

　4.2.2　热损伤花岗岩强度分析 …………………………………… 62

　4.2.3　热损伤花岗岩变形特性分析 ……………………………… 69

4.3　热损伤花岗岩本构模型研究 ……………………………………… 72

　4.3.1　热损伤因子特征分析 ……………………………………… 72

　4.3.2　荷载损伤因子特征分析 …………………………………… 74

　4.3.3　损伤本构模型与试验验证 ………………………………… 77

4.4　温度变化对花岗岩抗拉特性的影响 ……………………………… 80

　4.4.1　热损伤花岗岩拉应力-位移关系 ………………………… 80

　4.4.2　热损伤花岗岩巴西抗拉强度的变化规律 ………………… 81

　4.4.3　热损伤花岗岩巴西抗拉强度演化模型 …………………… 82

　4.4.4　基于岩石表面应变场的渐进破裂过程分析 ……………… 83

4.5　热损伤花岗岩破坏机理分析与讨论 ……………………………… 87

　4.5.1　温度变化对花岗岩损伤影响机理讨论 …………………… 87

　4.5.2　热损伤花岗岩单轴压缩破坏形态分析 …………………… 89

　4.5.3　热损伤花岗岩巴西劈裂裂隙扩展分析 …………………… 92

4.6　本章小结 ……………………………………………………………… 94

5　热损伤花岗岩围压效应及强度准则研究 …………………………… 95

5.1　试验方案 ……………………………………………………………… 95

5.2 试验结果 ·········· 97
　5.2.1 围压对热损伤花岗岩的应力-应变关系的影响 ·········· 97
　5.2.2 围压对热损伤花岗岩力学性质的影响 ·········· 98
　5.2.3 基于声发射技术的热损伤花岗岩特征应力确定方法 ·········· 100
　5.2.4 温度对热损伤花岗岩抗剪强度参数的影响 ·········· 103
5.3 热损伤花岗岩强度准则 ·········· 105
　5.3.1 热损伤花岗岩强度准则表达式 ·········· 106
　5.3.2 非线性系数 λ 的确定 ·········· 107
5.4 不同强度准则试验验证 ·········· 110
　5.4.1 试验数据选取 ·········· 111
　5.4.2 拟合参数获取 ·········· 111
　5.4.3 计算结果对比 ·········· 111
5.5 本章小结 ·········· 112

6 地热储层应力场分布及强度破坏区域演化研究 ·········· 114
6.1 羊八井地热系统工程概况 ·········· 114
6.2 羊八井地热系统数值模型 ·········· 115
　6.2.1 模型假设条件 ·········· 115
　6.2.2 模型控制方程 ·········· 116
　6.2.3 几何模型建立 ·········· 117
　6.2.4 初始边界条件 ·········· 118
6.3 地热系统开采性能分析 ·········· 119
　6.3.1 储层岩体温度场分布特征 ·········· 121
　6.3.2 生产井位置对地热开采性能的影响 ·········· 122
　6.3.3 注入井质量流率对地热开采性能的影响 ·········· 123
6.4 储层岩体应力场演化规律分析 ·········· 125
　6.4.1 考虑地热系统运行时间的影响 ·········· 125
　6.4.2 考虑不同流体质量流率的影响 ·········· 127
6.5 储层岩体强度破坏区域演化研究 ·········· 129
　6.5.1 储层岩体强度破坏判据设置 ·········· 130
　6.5.2 储层岩体强度破坏区域演化特征 ·········· 130
6.6 储层岩体天然裂缝破裂规律分析 ·········· 132
　6.6.1 裂缝破裂压力计算方法 ·········· 132
　6.6.2 天然裂缝壁面破裂压力 ·········· 133
6.7 地热系统开采建议及技术措施 ·········· 135

6.7.1　地热资源开采建议 ……………………………………… 135

6.7.2　地热开采技术措施 ……………………………………… 136

6.8　本章小结 …………………………………………………… 137

参考文献 …………………………………………………………… 138

1 绪 论

1.1 研究背景及意义

资源和能源是国民经济发展的两个重要支柱，对保证我国国民经济可持续健康发展和现代化世界强国建设目标的实现至关重要。随着地球浅部资源的枯竭，资源的开采必须向地球深部进军[1]。习近平总书记在全国科技大会上提出"向地球深部进军是我们必须解决的战略科技问题"。因此，深部资源已经逐渐成为人类探索的需求、国家发展战略的需求和经济发展的需求。

近年来，超深钻探、深地实验室、核废料处置、地热资源开采等深部工程日渐兴盛。俄罗斯科拉超深钻孔深度为 12262 m，库页岛的 Odoptu-11 油井深度为 12345 m（世界最深）。中国锦屏地下实验室是我国首个极深地下实验室，也是目前世界岩石覆盖最深的实验室，垂直岩石覆盖深度达 2400 m。中国甘肃北山的核废料处置库是我国首座深度 560 m 左右的高放废物处置地下实验室。目前，开采深度最大的矿山在南非，已达 4350 m，已探明矿体延到 6000 m 以下。我国三分之一以上的地下金属矿山未来十年内开采深度将超过 1000 m，最大的开采深度可达到 3000 m。深部地下工程在施工建造过程中不可避免地都会涉及一些温度变化问题：超深井钻探过程中需要用冷水对钻头进行降温处理；地下储气库为保证天然气等的液态储存状态，会对储气库进行低温处理；核废料具有高放射性，释放的热量会使岩体温度升高；深部矿山开采过程中通常采用通风系统对岩体进行降温；地热开采时，通常将冷水注入干热岩内部进行热量交换，通过冷热水循环将热能采出。以上工程中，围岩均会经历温度变化的过程，同时岩石内部也会存在应力的变化。当应力变化达到一定程度，会使岩石发生变形，甚至诱发地质灾害。例如，美国加利福尼亚理工学院通过对加利福尼亚 Brawley 和 Coso 地热工程的地表变形进行监测，分析热应力对诱发地震活动的影响。结果发现，在地热开采过程中，冷流体注入高温储层形成的热应力，对诱发地震活动起着显著作用[2]。因此，为了保证深部地下工程的安全高效运行，岩石的热力学行为成为国内学者研究的热点。

岩石温度发生急剧变化时，岩石内部产生的局部应力为热应力。对于矿物颗粒而言，热应力又分为压应力和拉应力。当高温岩石受到急冷却作用时，岩石会收缩而产生拉应力，岩石拉应力超过岩石本身抗拉强度时，便会产生微裂隙。裂纹由萌生、发育到贯通的过程，会大大劣化岩石自身的强度，从而形成岩石热损伤。在超深钻探时可以利用岩石的这种性质进行破岩，提高破岩效率，但同时热应力引起的岩体损伤也会降低井壁的稳定性，造成井壁塌孔和破裂。此外，在地热开发过程中，循环水注入地热储层，冷水与高温岩体进行冷却的过程会对高温岩体产生强烈的温度冲击。岩层中的原生裂隙由于温度冲击会发生多次破裂，形成网状裂隙系统，有助于增加换热通道面积，提高采热效率，如图 1-1（a）所示。掌握温度冲击过程中地热储层裂隙萌生、扩展到贯通的形成条件，并有效控制裂隙网络的发育程度，能够促进地热系统的安全高效开采[3]。

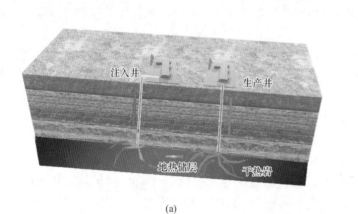

(a)　　　　　　　　　　　　　　　　(b)

图 1-1　典型深部地下工程[4]

（a）地热开采示意图；（b）核废料深埋处置效果图

针对不同受热温度岩石的热损伤问题，多数研究仅考虑升温过程对岩石性质的影响，少数研究讨论了冷却过程对岩石物理力学性质的影响，有关不同受热温度岩石与恒温匀速流体的冷却过程造成物理力学特性变化的研究尚不完善。若能科学分析冷却作用对高温花岗岩物理力学特性产生的影响，充分掌握热损伤花岗岩微观结构变化规律，得到地热开采过程中储层温度场和应力场的分布情况，对地热系统抽采工艺的设计和裂隙网络的形成具有重要的理论价值和工程意义。因此，研究冷却作用对不同受热温度花岗岩物理力学性质的影响及损伤破坏机理可以更好地服务于地热开采工程，有效控制裂隙网络的形成，提高地热开采效率，延长工程的服务年限。

1.2　高温岩石物理力学特性试验研究现状

在温度作用下，高温岩石会受到热应力的作用导致其物理力学特性发生变化，而岩石物理力学性质的变化本质上是岩石内部微裂纹的发育和新生微裂隙从无到有、从萌发到贯通的演化进程。针对高温岩石物理力学特性的研究，国内外众多学者开展了一系列的高温岩石物理力学试验，来探索岩石物理力学性质随不同受热温度升高的演化特征。

1.2.1　不同受热温度岩石物理性质变化

在过去的几十年里，国内外学者投入了大量的精力研究不同受热温度对岩石性质的影响。早在1979年，Wang等人[5]开展了高温作用下的花岗岩物理性质研究，研究中采用缓慢加热的方式对西风花岗岩和炭质花岗岩进行加热，分别讨论了温度对两种花岗岩物理特性的影响。Johnston等人[6]采用不同加热速率对花岗岩、石灰石和辉绿岩进行加热，比较加热前后Q值的变化。Trice和Warren[7]对不同高温处理后的花岗闪长岩进行波速和渗透率测试，得到温度与波速、渗透率之间的关系。张卫强[8]开展灰岩、砂岩和花岗岩三种岩石孔隙度测试，研究高温作用下岩石孔隙度的变化，发现三种岩石孔隙度随温度的变化特性相似，随着温度的升高孔隙度增大，孔隙度先缓慢增大，然后快速增大，在此过程中得出岩石热损伤温度阈值，如图1-2所示。而Zhang等人[9]发现不同受热温度处理后的Carrara大理岩渗透率在327~427℃显著增大，但是连通性略微减弱，认为在327~427℃存在一个温度阈值。

岩石物理性质不仅受升温过程影响，冷却方式同样也会影响岩石物理性质。靳佩桦等人[10]开展了急冷却作用下花岗岩渗透率变化的研究，采用压力脉冲衰减法对花岗岩渗透率的变化情况进行测试，结果发现：随着温度的升高，渗透率先缓慢增加后急剧增加。在前期缓慢升温阶段，由于相邻矿物晶粒的热膨胀系数不同，花岗岩产生的不协调变形，导致岩石发生热破裂；在急剧冷却阶段，花岗岩再次受到沿径向方向的拉应力，同时诱发微裂隙的产生，从而使花岗岩的渗透性再次增加。

赵志丹等人[11]开展高温高压作用后的花岗岩纵波波速测试，通过测试结果发现纵波波速会降低。他认为产生这种现象的决定因素并不是微裂隙的产生，而是花岗岩含水矿物的脱水相变和部分岩石熔融引起的。席道瑛[12]选择大理岩、花岗岩和砂岩进行高温（60~600℃）试验时，高温处理后的岩石进行波速测试，测试结果为波速随温度的升高而减小，其认为波速减小的原因除了矿物相变和微裂隙增长外，还包括黏滞系数和孔隙度的增大。闫治国等人[13]以凝灰岩、流纹状凝灰角砾岩和花岗岩为研究对象也得到了类似的试验结果，发现波速随温度升高均有降低趋势。胡建军[14]发现100~500℃的灰岩，波速不仅随温度升高逐渐下降，而且波速变化率随着循环次数的增加而增大。此外，在循环次数相同的情况下，波速下降速率随着温度升高逐渐增大，如图1-3所示。

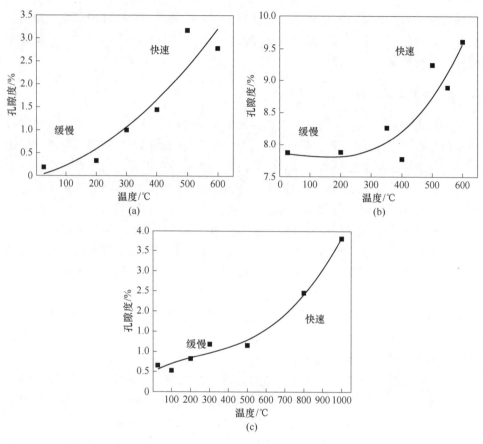

图 1-2　岩石孔隙度随温度的变化特征[8]

（a）灰岩；（b）砂岩；（c）花岗岩

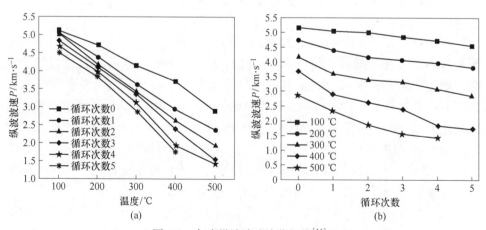

图 1-3　灰岩纵波波速演化规律[14]

（a）随温度变化；（b）随循环次数变化

除了对高温岩石物理特性演化规律研究以外，Wai[15]和 Aurangzeb[16]等人开展了岩石热损伤理论研究，提出了不同温度作用下的岩石导热系数、比热容和热扩散系数预测模型，然后通过瞬态平面热源法对灰岩进行导热系数、比热容和热扩散系数的测试，结果表明预测模型与实测数据基本符合，误差在 8% 以内。另外有许多学者对岩石的导热系数和电导率进行测试，柳江琳等人[17]对高温高压作用下的花岗岩、辉橄岩和玄武岩进行电导率测试，结果表明电导率随温度的升高而显著增大，认为电导率的增大可能是部分岩石熔融过程造成的。Rzhevskii 等人[18]以菱铁矿为研究对象，分析菱铁矿在高温作用下的导电特性，试验结果发现温度越高岩石导电率越高。同时，由于持续的热荷载，围岩体换热界面可能会产生热损伤，这样会降低围岩的导热系数。因此，弄清楚高温下围岩体的导热系数对于设计高放废物处置库至关重要。

国内外学者普遍认为，对于深部地下岩石热损伤问题，主要是微裂隙发育导致的岩石物理性质劣化。通过以上试验结果，可以看出热损伤岩石新生微裂隙能够改变岩石质量、体积、孔隙率、渗透率和纵波波速，这些研究为热损伤岩石的物理特性演化提供了有意义的结论。

1.2.2　高温岩石力学特性变化

1970 年以来，国内外学者通过理论和试验的方法研究了高温对岩石力学性质的影响，并已取得一定的成果。研究表明高温对岩石力学性质的影响，主要体现为弹性模量、泊松比和抗压强度等力学参数的变化[19]。张静华等人[20]通过花岗岩断裂试验和单轴压缩试验，发现断裂韧度的门槛温度为 200 ℃。张连英[21]开展高温（室温到 800 ℃）石灰岩基本力学参数试验，发现弹性模量和峰值应力在 600 ℃ 时会快速下降，认为 600 ℃ 是灰岩力学参数的温度阈值，如图 1-4 所示。

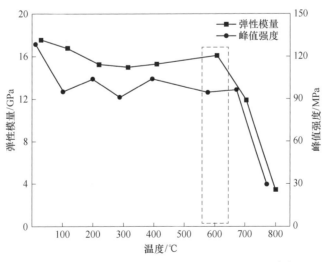

图 1-4　石灰岩弹性模量和峰值应力随温度变化[21]

　　随着试验设备的革新，国内外学者开始能够在实时高温的状态下对岩石力学性质进行测试。Oda[22]采用实时加热方式，研究了不同温度作用下岩石的杨氏模量、泊松比、单轴抗压强度、单轴抗拉强度和断裂韧性等力学性质随温度升高的变化规律，揭示了岩石热损伤破坏机理。刘泉声[23]、许锡昌[24-26]等人同样采用实时加热的方式，对三峡花岗岩力学参数进行测试，测试结果显示花岗岩弹性模量和单轴抗压强度随温度升高而减小，并且在 75 ℃ 和 200 ℃ 发生大幅度变化，认为 75 ℃ 和 200 ℃ 为岩石试样的温度阈值。Chen 等人[27]描述了峰值应力、弹性模量和峰值应变随温度升高的变化曲线发现：当温度为 400 ℃ 时，曲线变化速率开始增加。Yang 等人[28]开展了高温（室温 ~ 800 ℃）砂岩物理力学特性研究，结果表明砂岩的温度阈值区间为 400 ~ 500 ℃，而砂岩在 300 ℃ 时峰值强度和弹性模量最大，泊松比随温度升高的变化曲线在 600 ℃ 时出现转折，呈现先降低后增加的趋势。苏承东等人[29,30]对高温（100 ~ 900 ℃）粗砂岩和细砂岩进行力学特性测试，结果表明：当温度为 500 ℃ 时，粗砂岩的力学参数会发生突变；当温度为 600 ℃ 时，细砂岩的力学性能发生突变。武晋文等人[31]在力学试验的同时采用声发射设备对岩石破坏过程进行监测，通过声发射事件数统计发现：330 ℃ 是花岗岩热破裂性质转变的温度阈值，而声发射数据得出的温度阈值低于力学参数拐点处的温度阈值。另外，花岗岩的失稳形式也受到温度的影响，通过对高温花岗岩单轴压缩试验得出：温度较低时岩石试样突变失稳，温度较高时岩石失稳存在一个渐进过程[32]。岩石赋存深度不同，受周边压力的影响也不尽相同，温度和围压对岩石力学性质均有影响，并且围压对岩石力学性质的影响要大于温度影响[33]。万志军等人[34]开展了花岗岩在高温三轴应力下的变形和破坏特征研究，通过试验发现花岗岩在高温高压下的变形分为低温缓慢变形段、中高温快速变形段和高温平缓变形段。高温条件下，破坏形式为典型的剪切破坏；而在高温和高压条件下，破坏形式向延性转化，如图 1-5 所示。Ding 等人[35]对高温砂岩进行三轴压缩测试，结果表明围压为 20 MPa、温度为 400 ℃ 时，杨氏模量和峰值强度变化出现拐点，超过该拐点杨氏模量和峰值强度会降低。徐小丽等人[36]对高温花岗岩的宏观力学性质和微孔结构进行分析，发现温度低于 800 ℃，岩石的孔隙度随温度升高而缓慢增大；温度超过 800 ℃，孔隙度迅速增大。

　　此外，表 1-1 总结了前人在不同冷却方式下高温花岗岩力学性质变化特征的研究，综述了不同冷却方式高温花岗岩的力学参数变化规律。通过自然冷却和遇水冷却高温砂岩的物理力学性质试验，发现采用遇水冷却方式的岩石试样应力-应变曲线的压密阶段缩短，峰值应变减小，岩石由脆性向塑性转变。随着温度升高，试样单轴抗压强度和弹性模量先降低后增大[37]。喻勇等人[38]以不同温度遇水冷却后的花岗岩为研究对象，开展了压入硬度试验、摩擦磨损试验和室内微钻

(a)　　　　　　　　　　　　(b)

图 1-5　花岗岩破坏特征[34]

(a) 全貌；(b) 上端部

试验，结果表明高温后快速冷却可以提高花岗岩的可钻性。Zhang[39]通过对高温花岗岩快速冷却后的试样进行超声波脉冲速度试验、三轴压缩试验，结果表明：热处理使花岗岩的物理力学性能明显劣化，快速冷却导致试样产生大量的微裂隙，致使矿物颗粒强度减弱。朱振南等人[40]以遇水冷却后的高温花岗岩为研究对象，结合力学试验和 SEM 电镜观察，发现单轴抗压强度和弹性模量随温度升高而减小。当温度超过 300 ℃时，岩石表现出明显的塑性，同时出现微裂隙萌发、扩展和贯通现象。邰保平等人[41-45]利用自制热冲击破裂试验台开展了不同高温状态下花岗岩遇水冷却后的力学特性研究，结果表明：遇水冷却会导致岩石内部发生热破裂或者热冲击现象，剧烈的热冲击导致岩石力学性能劣化，纵波波速、单轴抗压强度、抗拉强度及弹性模量随温度升高逐渐减小。对遇水冷却后的高温岩石试样进行物理力学特性测试，结果表明：随着温度的不断升高，遇水冷却试样峰值强度、弹性模量和纵波波速总体均呈现减小趋势[46,47]。

表 1-1　高温作用下岩石力学参数变化规律汇总表[48]

温度/℃	冷却方式	单轴抗压强度	弹性模量	峰值应变	泊松比	来　源
20～800	随炉冷却	降低	降低	增加	降低	杜守继[49]
20～800	随炉冷却	降低	降低	—	—	朱合华[50]
20～800	空气冷却	降低	降低	—	降低	邱一平[51]
25～1300	空气冷却	降低	降低	—	—	Xu[52]
20～1000	随炉冷却	降低	降低	增加	—	Chen[53]

温度/℃	冷却方式	单轴抗压强度	弹性模量	峰值应变	泊松比	来源
23 ~ 800	空气冷却/遇水冷却	减小	增大 – 减小	减小 – 增大	—	Shao[54]
25 ~ 500	稳定降温	减小 – 增大 – 减小	—	—	—	Zhang[55]
25 ~ 800	随炉冷却	减小	减小	减小	—	Yin[56]
25 ~ 800	空气冷却	增大 – 减小	增大 – 减小	增大	不变	Yang[28]
20 ~ 800	随炉冷却/遇水冷却	减小	减小	增大	—	Kumari[57]
25 ~ 900	遇水冷却	增大 – 减小	增大 – 减小	增大	波动	Zhang[58]
25 ~ 1000	空气冷却/遇水冷却	减小	普遍较小	增大	增大	Badulla[59]

上述试验结果充分表明温度变化对岩石宏观力学特性的重要影响。随着温度的升高，岩石内部会发生一系列的脱水、相变以及膨胀变形的物理化学变化。不协调的膨胀变形在矿物颗粒之间形成热应力，具有非线性演化特征。不同的冷却模式对高温岩石的力学性质产生不同影响，本书综述了高温岩石的空气冷却、随炉冷却和遇水冷却等冷却模式，空气冷却受周边空气的影响；随炉冷却是一种极缓慢的冷却模式；遇水冷却通常是指将高温岩石放入水中，使得岩石温度与水温同化而起到降温的目的，这种冷却方式与地热开采时的流体换热是不同的，流动的循环水可以更快地对岩石进行降温。因此，需要通过设计一种物理试验装置，模拟恒温匀速流体对高温岩石的不断冷却过程，以期揭示循环冷却的热损伤岩石变形破坏机理，对分析冷却作用下的地下深部地热储层应力及强度具有重要意义。

1.2.3　高温岩石物理力学特性阈值研究

当岩体所处环境温度发生迅速变化时，岩石内部会受到温度冲击而产生破坏。岩石受温度冲击后，由于岩石内部矿物颗粒具有不同的热物理参数（导热系数、线膨胀系数、比热容），使得内部矿物颗粒发生不协调变形，并且在矿物颗粒边界形成热应力，当热应力超过颗粒强度极限时则产生微裂隙，随着微裂隙的发育、贯通形成裂隙网络，造成岩石的热损伤。

对于岩石热损伤的研究，许多学者认为由于岩石热损伤的宏观表现为热破裂，热破裂常常伴随着声发射现象，所以借助于声发射设备无损间接地研究热破裂现象[60]。在研究初期，Wang[61]和张渊[62]等人通过声发射监测岩石试样的压裂试验，发现许多岩石热破裂现象的发生存在门槛温度。Johnson 等人[63]以花岗岩为研究对象进行力学试验，发现岩石发生热破裂的门槛温度为 75 ℃，温度超过 75 ℃后声发射信号明显增强，且门槛温度与加热速率无关。而陈颙等人[64]通过试验测试得到 Westerly 花岗岩的门槛温度在 60～70 ℃之间，东营碳酸盐岩的门槛温度在 110～120 ℃之间。Chen 等人[53]通过分析不同高温作用下花岗岩峰值强度、峰值应变和剪切模量的变化关系，认为 400 ℃为花岗岩的温度阈值，超过 400 ℃后力学参数变化速率加快。通过对不同高温花岗岩进行疲劳试验，得到岩石疲劳寿命和损伤因子之间的线性关系，发现随着损伤因子的增大，疲劳寿命减少。

综上所述，岩石热损伤阈值研究已经取得了丰富成果。但是，热损伤岩石不仅受到加热过程中的热应力作用，遇水冷却还会对岩石颗粒造成二次损伤。增强型地热开采系统的原理是通过将冷水注入高温岩石中，来实现地下热能的提取过程。为了保障地热资源安全高效开采，开展遇水冷却作用下的高温岩石热损伤阈值的研究是十分有意义的。

1.3 热损伤岩石微细观结构研究现状

国内外学者通过宏观试验手段对高温岩石的物理力学性质开展了大量研究。在岩石微观结构研究方面，主要是使用显微电子计算机断层扫描技术（CT）、扫描电子显微镜（SEM）、光学电子显微镜和核磁共振成像分析仪（NMR）等设备对岩石微裂隙演化进行分析。

早在 20 世纪 60 年代，Bieniawski[65]就已系统地论述了岩石脆性破裂的机制，之后又有许多相关学者以揭示岩石破裂由微观到宏观的发展过程为目的做了大量的试验和理论研究工作，使关于岩石力学方面的研究趋势逐渐由宏观向微观、由定性描述向定量分析转变。在发展过程中，Hallbauer 等人[66]把不同应力水平作用的岩石试样制成薄片，通过光学显微镜进行观察，得到岩石微裂隙随应力水平的增大先随机分散分布而后在窄带集中分布，最终贯通形成宏观断裂带。

随后，Sprunt 等人[68]将扫描电镜（SEM）引入岩石热损伤的研究，通过扫描电镜对热损伤岩石表面进行观察，对比分析不同温度岩石的热破裂程度，国内外学者借助扫描电镜试验研究陆续开展了岩石微破裂的研究，并对热损伤岩石破裂表面进行了对比分析[69]。谢卫红等人[70,71]通过高温疲劳试验机与扫描电镜相结合的方法对石灰岩的热损伤机制进行研究，发现温度超过 500 ℃后，岩石内部结构发生明显变化，岩石强度大幅度降低，并通过力学性质演化特征，建立了岩石裂隙生长模型。姜崇喜等人[72]对大理岩试样进行单轴压缩的过程中利用扫描电镜（SEM）对试样细观变形和强度特性进行实时、动态的观察，监测了岩石试样裂纹起裂、发育过程，描述了试样细观破坏过程与宏观力学特性的响应关系。

岩石微结构中的矿物成分及排列组合情况都会对岩石宏观特性造成影响。Wu 等人[73]通过对比 Westerly 花岗岩在单轴压缩蠕变试验中的微破裂事件累积数和偏光显微镜下的微裂隙数发现：后者观察到的裂纹比前者裂纹数要少。姜广辉[67]采用多种试验手段，获得不同类型岩石物理性质随温度升高的变化规律，并结合扫描电镜观测结果（图1-6），发现岩石在热处理后颗粒粒径会明显减小，且分布更加集中。矿物颗粒之间的晶间裂纹和矿物相变同样影响着岩石微观结构，进而对岩石物理力学特性造成影响。吴晓东[74-76]借助扫描电镜观察岩石矿物颗粒裂纹在不同温度下的发育程度，认为温度为 600 ℃时，晶间裂隙发育明显，800 ℃时晶内裂隙和穿晶裂隙形成了交叉裂隙网络。

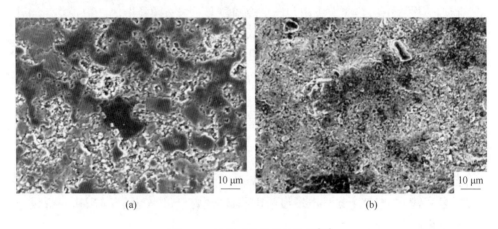

(a)   (b)

图 1-6   彭水页岩微观结构图[67]

(a) 50 ℃（×1000）；(b) 500 ℃（×1000）

热损伤岩石的微观结构变化表现为微裂隙萌生及发育的过程，有研究通过试验分析微裂隙在不同温度下的发育程度判别岩石受到的损伤程度。左建平等人[77]借助 SEM 研究温度-拉应力共同作用下砂岩破坏的断口形貌，发现随着温度的升高，砂岩的断裂机制由脆性向脆性、延性混合断裂机制转变，如图 1-7 所示。偏光显微技术在研究不同温度岩石微观结构方面发挥了重要作用，从机理上揭示了岩石力学参量的变化特征。为了探究岩石微结构热应力的成因，借助光学显微镜观测不同温度石英岩微观结构。石英岩的非均质性会导致微结构产生热应力，从而降低岩石强度。赵亚永等人[78]采用偏光显微镜、扫描电子显微镜和热分析仪等设备观察了鹤壁砂岩在不同温度段的微观结构变化，研究结果发现：在不同温度阶段微裂隙表现形式不同，随着温度的增加，裂纹数量相应增加。

此外，还有学者通过扫描 X 射线衍射（XRD）、压汞法（MIP）和电子显微镜（SEM）等试验方法分析了温度对岩石物相、微孔分布和断口形貌的影响，其

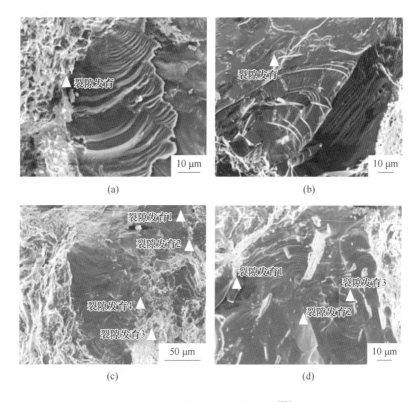

图 1-7　砂岩高温疲劳断口图[77]

（a）150 ℃疲劳断口（试件 150 ℃, 500 倍）；（b）200 ℃疲劳断口（试件 200 ℃, 1000 倍）；
（c）200 ℃疲劳断口（试件 200 ℃, 500 倍）；（d）300 ℃疲劳断口（试件 300 ℃, 1000 倍）

中徐小丽[79]认为温度在 600 ℃前，花岗岩的力学性质主要受辉石衍射强度的波动性影响；温度为 800 ℃时，发生晶体结构相变导致岩石力学性质突变；温度为 1200 ℃时，晶体结构的改变导致岩石承载能力急剧下降。

在热应力的作用下微裂隙类型受矿物颗粒种类、粒径大小、排列方式、胶结类型的影响。大多数研究通过建立热裂纹的生长损伤模型，分析岩石热损伤变形的破坏机制，揭示了岩石宏观物理力学特性演化规律。随着核磁成像技术、扫描电镜等辅助设备的运用，结合数理统计的方法，运用分形理论可对热损伤岩石微观结构演化规律做进一步的研究。

1.4　热损伤岩石强度准则研究现状

在深部地下岩土工程中，岩石强度对于分析工程岩体稳定性、优化工程设计和评估岩体安全状态具有重要意义[80]。岩石强度准则是研究岩石在不同应力状态下的破坏判据，能够反映岩石在临界破坏条件时的应力和强度之间的关系[81]。目前，岩石强度准则已经得到了大力发展，主要是以 Mohr-Coulomb 强度准则和 Hoek-Brown 强度准则为基础，依据强度准则的应用范围和岩石条件进行修正，完善一种适用岩石特定赋存环境的强度准则是很有必要的。

目前，岩石三轴力学试验是获取围压和强度关系的重要途径，一些学者依据大量的试验数据得到了岩石强度随围压的增加呈非线性的变化趋势，这显然和 Mohr-Coulomb 强度准则表征的岩石强度随围压增加呈线性增大的规律相矛盾。因此，Singh M 等人[82]率先提出了随着围压增加岩石强度并不是持续增大的，而是当达到一定值（临界围压）后，岩石强度不再随围压增加而增大。李斌等人[83]同样发现了岩石强度达到临界围压后不再持续增大的现象，并基于 Mohr-Coulomb 强度准则进行了修正，提出了非线性的 Mohr-Coulomb 强度准则。同样基于临界围压概念，Hoek-Brown 强度准则也存在过高估计岩石三轴强度的偏差[84]。

郭建强等人[85]为了提高强度准则的预测准确性和适用性，以弹性应变能为基础，建立了广义强度准则。路德春等人[86]基于广义强度准则提出了变化应力空间理论，该理论以 Drucker-Prager 强度准则、Mohr-Coulomb 强度准则的形式进行应用。俞茂宏[87,88]针对岩石材料的强度分析，提出了双剪应力强度理论。尤明庆[89]对线性和非线性统一强度理论展开了讨论，认为非线性统一强度理论不能很好地描述常规三轴岩石强度随最小主应力的非线性增加。孔志鹏等人[90]引入中间主应力，建立了一种非线性三参数强度准则。

高美奔[91]开展了热力耦合作用下的硬岩力学试验研究，假设微元体强度服从 Weibull 分布，引入 Drucker-Prager 准则作为岩石微元体破坏判据，建立了硬岩热损伤演化方程。李宏国等人[92]开展高温大理岩单轴和常规三轴试验，认为 Mohr-Coulomb 强度准则能更好地判断高温作用后的大理岩破坏强度。李天斌等人[93]基于现有的岩石劣化耦合模型，引入三参量 Weibull 分布、Drucker-Prager 屈服准则和残余强度修正系数，建立了考虑岩石起裂应力的损伤耦合模型。以上对高温岩石损伤的研究，是利用现有的强度准则建立损伤模型。但是经过热处理的岩石和室温岩石存在一定的差异，岩石强度与围压的关系也不尽相同。如果使用基于室温岩石力学试验结果推导的强度准则对不同受热温度岩石的强度进行判断和预测，这可能会存在误差。

针对不同受热温度岩石强度准则的研究，本书基于不同受热温度花岗岩热冲击作用后的三轴力学试验结果，针对 Mohr-Coulomb 强度准则在高温高应力条件下的计算误差，完善一种适用于高应力条件下的热损伤花岗岩强度准则，并与 Mohr-Coulomb 强度准则和 Hoek-Brown 强度准则进行比较，验证本文强度准则的准确性。适用于高温高应力条件下的强度准则，是研究地热储层破坏判据的重要理论依据。

1.5 热损伤岩石数值模拟研究现状

针对热损伤岩石问题，数值分析方法具有较广泛的适用性，能够模拟岩体的复杂赋存环境，并对工程围岩进行应力、位移监测，成为解决岩体热损伤问题的有效工具之一。目前岩石力学数值分析方法主要分为三大类：连续介质力学法、非连续介质力学法和连续-非连续介质力学共性法。连续介质力学法主要分为有限元方法、边界元方法、有限差分法和加权余量法等。非连续介质法主要分为离散单元法、刚体元法和不连续变形分析法等。连续-非连续力学共性法主要是流形法[94]。

对于工程岩体热损伤问题，首先确定用于数值分析的力学参数，用于模拟岩体赋存环境和不同工况影响[95]。基于最小总势能变分原理，有限元法[96-100]可以更方便地处理各种非线性问题。而离散元法[101,102]既能模拟受力状态下块体的运动，又能模拟块体本身的受力变形状态。

有限元数值分析方法在岩石热损伤问题中已经得到广泛应用。2006 年，Wu等人[103]从岩石细观结构出发，初步建立了热-水-岩耦合数值模型，将该模型用于模拟岩石在温度-渗流-应力耦合作用下的应力变化和破坏状态，从细观角度揭示了岩石热损伤破坏机制。2008 年，唐世斌等人[104]利用热-力耦合模型，通过真实破裂过程分析（realistic failure process analysis，RFPA）软件模拟陶瓷材料在热冲击作用下裂纹萌发、扩展到贯通的过程，模拟结果与试验结果一致，证明了该模拟方法的有效性。唐世斌等人[3,105]又运用有限元数值分析方法研究了高温岩石在温度冲击作用下的裂纹发育过程，同时讨论了岩石导热系数对脆性岩石开裂模式的影响，进一步验证了数值模拟是研究岩石热损伤行为的一个有力工具。张帆[106]则是通过有限元软件对高温岩石冷却过程进行模拟，得到冷却过程中岩石温度场和应力场的变化。有学者认为地下深部岩石的热损伤问题属于多场耦合问题，既要考虑应力对岩石力学特性的影响，还要重视其他物理场对岩石特性的影响。为此，学者采用多物理场仿真软件 COMSOL Multiphysics 对岩石多物理场变化导致岩石破坏的过程进行模拟。熊贵明等人[107]基于传热学原理，以水、液态二氧化碳和液氮为冷却介质，应用 COMSOL Multiphysics 对不同温度的花岗岩进行温度冲击模拟试验，得到温度冲击过程中岩石温度场的分布规律。周广磊等人[108]基于岩石热力学理论建立了岩石蠕变损伤模型，并依据模型对 COMSOL Multiphysics 软件进行二次开发，得到了岩石时效蠕变损伤模型的数值求解方法。Yang 等人[109]基于全耦合近场动力学对循环热处理的花岗岩热-力破裂行为进行模拟，检验了数值收敛性并校准了模拟参数。

目前，离散元数值分析方法多采用颗粒流程序（partical flow code，PFC）进行计算，PFC 可以构建不同概率分布的岩石颗粒模型，可以模拟岩石的非均质和不连续面。岩石材料由众多微观颗粒组成，微观颗粒的变形和颗粒之间接触界面弱化对岩石的宏观物理力学行为存在影响。李雪[101]采用离散元数值分析方法模拟了热-力耦合作用下的裂隙花岗岩局部应变和微裂隙扩展路径，揭示了微裂隙断裂机理。李玮枢[102]采用 PFC 离散元数值模拟软件对高温花岗岩遇水冷却过程中的岩石温度场变化、颗粒接触力变化和裂纹演化规律进行模拟，探讨了高温花岗岩遇水冷却的损伤机制。Xu 等人[110]利用 PFC 软件分析了热-力耦合作用下岩体强度变化和微裂隙的扩展过程。Zhao 等人[111]采用 PFC 软件模拟了热损伤花岗岩微裂隙-宏观裂缝的演化过程，阐明了高温能够劣化岩石力学特性的机制。高温岩石强度降低的主要原因是热应力的增加和拉伸微裂隙的产生，而微裂隙的产生是由温度梯度导致，温度梯度越大微裂隙越明显。

岩石热损伤研究中，利用数值模拟方法可以模拟岩石赋存状态，为实际工程岩体研究提供有效分析工具。针对地热工程的储层岩石遇水冷却过程，考虑一种或者两种物理场的变化对储层岩石的影响是不够的。为了尽可能模拟地热储层岩石的赋存状态，多物理场耦合作用下的数值分析是必要的。因此，采用多物理场仿真建模的方法，对地热储层应力场和温度场的分布进行讨论，对地热系统的合理设计和高效开发具有重要意义。

2 热损伤花岗岩物理参数改性效应及数学模型研究

地热开采过程中，温度对储层岩石的物理特性有着显著的影响，尤其是不同受热温度花岗岩遇水冷却后，其物理特性会发生很大的变化。为进一步研究冷却过程对热冲击花岗岩物理特性的影响，本章首先对热冲击花岗岩进行自然冷却、遇水冷却处理，通过对其质量、体积、波速和导热特性的物理参数测试试验，获取不同热处理岩石试样的基本物理参数，讨论不同温度阶段花岗岩物理参数变化率的演化规律。通过数理统计的方法综合分析热损伤花岗岩物理参数变化情况，比较物理参数改性系数及敏感性分析。基于主成分分析方法，建立了热冲击花岗岩在不同冷却方式下的物理特性数学模型，提出了基于热冲击花岗岩物理多参数关系的花岗岩导热性能评价指标确定方法。

2.1 岩石材料及试验方案

为了减少岩石试样非均质性导致的试验结果离散化，本文试验中的试样均取自同一花岗岩块体。根据国际岩石力学学会（ISRM）建议的方法[112]，岩石试样的高径比为 2:1，其实际直径为 50 mm，长度约为 100 mm，特殊岩石试样按照试验要求进行制备。为了能够同时满足后续岩石试样的力学试验，剔除具有明显裂纹的试样，以消除花岗岩宏观尺度裂纹对测试结果的影响。对岩石试样侧表面和两端面进行打磨抛光，将其平整度和粗糙度控制在 10 μm 和 3 μm 以内，如图 2-1 所示。

2.1.1 岩石试样

花岗岩是地球上储量丰富的结晶岩石，由岩浆缓慢冷却后形成。花岗岩含有丰富的放射性元素（K、Th、U），这些元素的存在提高了深部花岗岩储层的温度梯度，为地热开采提供了有利条件[33]。图 2-2 为花岗岩试样及其粒度分布图，其粒度主要在 0.5~1.0 mm 之间，只有少量较大的颗粒（>1 mm）。因此，本书所选岩石试样以细粒结构[113]为主，少量为中粒结构。花岗岩试样的单轴抗压强度为 220.10 MPa，密度为 2616.48 kg/m³。根据核磁共振技术（NMR）测试结果，试样孔隙度约为 0.57%。根据 XRD 分析，石英是岩石试样主要矿物，其次

(a)　　　　　　　　　　　　　　(b)

图 2-1　岩石试样加工打磨设备

（a）侧面打磨设备；（b）两端面打磨设备

是长石（钠长石、钾长石、钙长石）、黑云母及其他矿物质，质量分数分别为 48.65%、40.12%（17.53%、17.36%、5.23%）、8.21% 和 3.02%，如图 2-3 所示。

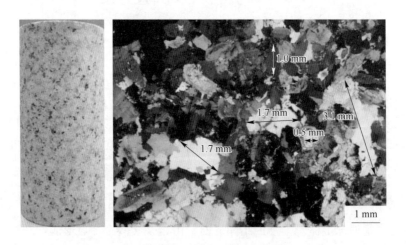

图 2-2　花岗岩试样及其粒度分布图

2.1.2　试验方案

本试验首先使用 KSL-1700X 高温箱式马弗炉，将岩石试样缓慢加热到目标温度，加热速率为 2 ℃/min，以避免岩石试样发生温度冲击的现象。然后马弗炉

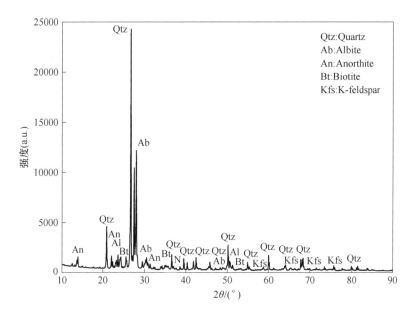

图 2-3 花岗岩试样的 X 射线衍射（XRD）图

保持目标温度 2 h，以便岩石试样充分达到指定温度。岩石试样完全达到目标温度后，以自然冷却和遇水冷却两种方式进行冷却处理，最后对所有热处理后的岩石试样进行物理特性测试。

2.1.2.1 花岗岩试样热处理

为了确保试验数据的准确性，将花岗岩试样分为包括室温在内的 8 个温度组，每个温度组有 3 个相同的岩石试样，最终取其参数平均值进行计算。采用 KSL-1700X 高温箱式马弗炉作为花岗岩试样的加热设备，其温控系统精度为 ±1 ℃，最高温度可达 1700 ℃，能满足试验要求，如图 2-4(a) 所示。为了防止花岗岩在高温状态下有熔融物脱落，在马弗炉炉腔内放置刚玉（Al_2O_3）作为垫块，将花岗岩试样放置在刚玉上进行缓慢加热。调整温控器设置加热速率和目标温度，以 2 ℃/min 的加热速率将花岗岩试样分别升温至 150 ℃、300 ℃、450 ℃、600 ℃、750 ℃、900 ℃、1050 ℃。当实时温度达到目标温度后保温 2 h，以便岩石试样充分达到目标温度后停止加热。

花岗岩试样充分达到目标温度后，将其以自然冷却（随炉冷却）和遇水冷却的方式进行冷却处理。自然冷却是将加热后的岩石放置在马弗炉内缓慢降至室温，遇水冷却是将加热后的岩石放入自制循环水系统（图 2-5）进行冷却，以流体在热冲击花岗岩表面流动的方式模拟快速冷却过程。本书遇水冷却和普通遇水冷却处理不同，普通遇水冷却是将不同受热温度岩石直接放置水中，直到岩石温度与水温相同，或者用水龙头对不同受热温度岩石进行淋水（图 2-6）。普通遇

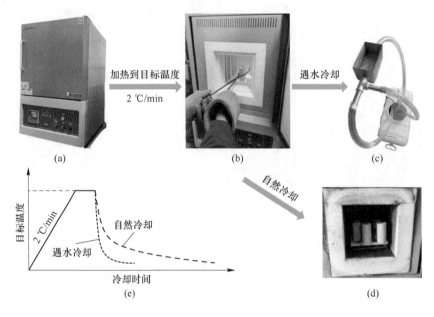

图 2-4　花岗岩试样热处理过程

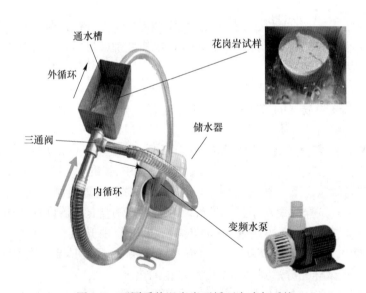

图 2-5　不同受热温度岩石循环水冷却系统

水冷却对岩石主要起到了冷却降温的目的，缺乏不同受热温度岩石与恒温匀速流体的冷却过程，而本书采用的遇水冷却方式可以弥补遇水冷却的不足。不同受热温度岩石自制循环水冷却系统分为内循环和外循环，循环水通过外循环不断与不同受热温度岩石进行冷却，将热量输送到储水器，以保证恒定水温和流速；储水

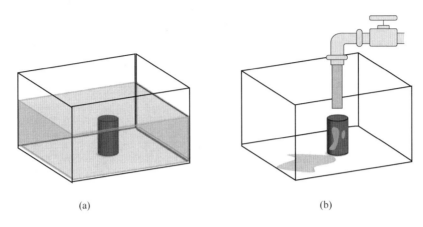

图 2-6　不同受热温度岩石普通遇水冷却方式示意图
(a) 非恒温；(b) 非匀速

器中的水通过内循环不断流动消耗水中的热量，以保证储水器内水温不变。热冲击花岗岩热处理过程如图 2-4 所示，其中图 2-4(e) 为岩石试样温度变化示意图。

为了准确获得两种冷却方式对岩石表面温度的影响，利用两个测温仪对圆柱体岩石试样顶面中心位置每隔 30 s、50 s、300 s、600 s 进行一次非接触式测温，取两个测温仪的平均值进行对比分析，图 2-7 为热冲击花岗岩试样（900 ℃）表面温度随时间变化的曲线。

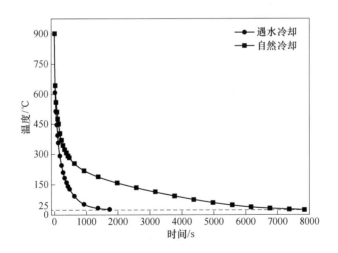

图 2-7　热冲击花岗岩试样表面温度随时间变化的曲线

2.1.2.2　热处理前后花岗岩质量、体积测量

花岗岩试样在温度处理前后均需进行体积和质量测量。依靠游标卡尺对岩石

试样进行直径和高度的测量，然后进行体积计算。为了尽量减小测量误差，直径测量时按照上中下顺序，每间隔25 mm测量一次；高度测量按照以顺时针方向，每间隔120°测量一次，最后各取3次测量的平均值。岩石试样在热处理前后，均采用精密电子天平3次称量岩石试样质量，最后取平均值计算。对于采用遇水冷却降温的岩石试样在测试之前先进行烘箱干燥处理，以保证不受附着水在岩石试样表面的影响。

2.1.2.3　热损伤花岗岩纵波波速测试

为了研究花岗岩试样的热损伤程度，对不同冷却方式的热冲击花岗岩进行纵波测试。纵波波速测试系统为 ZBL-U5200 非金属超声检测仪，如图2-8所示，系统由主机、发射端和接收端组成，发射端发射纵波信号，接收端接收纵波信号。为了防止传感器和岩石试样之间的空气对测试结果造成影响，在接触面均匀涂上一层凡士林，使二者完全耦合接触，如图2-8所示。波速 v_p 的表达式为：

$$v_p = \frac{L}{t} \tag{2-1}$$

式中，L 为测试岩石试样的长度，m；t 为超声波的传播时间，s。

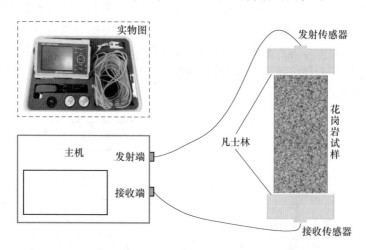

图 2-8　纵波波速测试系统

2.1.2.4　热损伤花岗岩导热特性测试

本书基于瞬变平面热源法采用 Hot Disk TPS 2500S 热常数测试系统（图 2-9）对热处理前后的花岗岩进行导热特性测试。瞬变平面热源法（transient plane source，TPS）是研究热传导性能最精确和便捷的方法之一，能够对热处理后的花岗岩进行导热系数、热扩散系数以及体积比热容的测试。这种方法常被应用在 Hot Disk 热常数分析仪上，Hot Disk 传感器由可导电的双螺旋结构绕线组成，绕线材质为光刻金属箔（镍丝）。本书所采用的 TPS 2500S 系统能够测试的导热系数范围为 0.01~400 W/(m·K)。Hot Disk 传感器既能够充当热源来升高岩石试样的温度，又可以记录温度的动态变化。根据传感器尺寸与花岗岩试样形状之间的适配情况，本试验选用半径为 6.40 mm 的传感器。首先进行岩石试样的安装，通过拧紧螺栓保持岩石试样与传感器之间紧密接触，然后施加电流使传感器以恒定功率加热。在传感器温度升高后，热量开始向花岗岩试样传递。如果岩石试样具有较强的导热能力，热量会迅速向岩石试样传递，而对于导热能力较差的岩石试样，热量不能有效传递至岩石试样，导致传感器的温度升高较快。因此，通过传感器记录温度升高与时间的关系，对温度变化情况进行回归分析，即可以得到岩石试样的导热特性。具体试验步骤如下：

（1）如图 2-9 所示，将传感器放置在两个花岗岩试样之间，通过支架固定使传感器和岩石试样保持接触。

图 2-9　岩石热常数测量系统 Hot Disk TPS 2500S

（2）通过施加电流使传感器温度升高，记录温度与时间的关系。对传感器温度变化情况进行回归分析，即可得到花岗岩试样较准确的导热系数。为了防止环境温度对结果的影响，测试过程中需加盖保温罩。

（3）完成岩石试样第一次瞬变后检查温度漂移图和瞬态图，尽量保证其较小的离散性，否则调整参数并重新测试，保证数值结果的平均偏差小于 10^{-3} K，否则调整参数重新进行测试。

（4）通过建立计划程序对岩石试样进行三次测量，最后取三次的平均值作为最终测量结果。

2.2　热损伤花岗岩物理特性变化规律

热处理后的花岗岩会发生一系列的物理化学变化，如矿物脱水、晶粒热膨胀、矿物相变、矿物氧化、矿物分解和熔融等。这些反应会导致花岗岩试样颜色、质量、体积、密度、纵波波速、导热系数和热扩散系数等发生变化。通过分析不同热处理花岗岩物理特性测试结果，对比讨论温度和冷却方式对热损伤花岗岩物理特性的影响。

　　不同热处理岩石试样之间的差异最直观表现为颜色的变化程度不同，由图 2-10 可知，室温下的花岗岩试样呈灰白色，略带晶体光泽，表面光滑无明显裂隙；温度为 150 ℃，花岗岩试样黑色斑纹明显，岩石表面无变化；温度为 300 ℃ 时，花岗岩试样逐渐开始出现淡黄色态，整体表现出黄白色；温度为 750 ℃ 时，岩石试样表面能看出部分白色颗粒；温度为 900 ℃ 时岩石试样能在表面看到微裂隙，发白的区域越发明显；温度为 1050 ℃ 时岩石试样局部有黑色斑块并且有轻微破损区域。自然冷却、遇水冷却作用后的岩石试样表面变化特征相似，遇水冷却的岩石试样黑色斑纹比自然冷却的岩石试样更加显著。

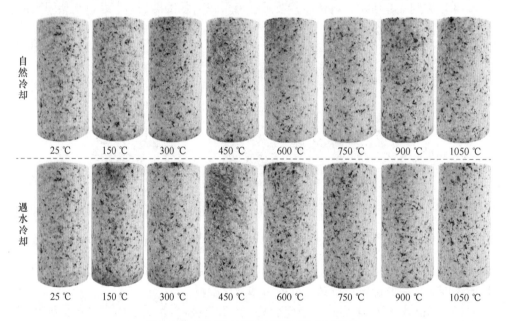

图 2-10　不同热处理花岗岩试样表面形貌

2.2.1　质量、体积和密度演化特征

　　热处理作用后，内部水分的变化会导致岩石试样质量的损失。同时，由于矿物颗粒膨胀或收缩导致的微裂隙扩展和矿物粒子的脱落也会导致质量的损失，同时伴有体积的变化。

　　质量、体积和密度的变化可以通过质量损失率 K_m、体积增加率 K_v 和密度变化率 K_ρ 来表示。质量损失率 K_m 为质量损失量与初始质量的比值；体积增加率 K_v 为体积增加量与初始体积的比值；密度变化率 K_ρ 为密度变化量与初始密度的比值。质量损失率 K_m 是指在热处理过程中，岩石试样矿物颗粒和内部空隙中的水分发生物理化学变化造成的质量减少程度。体积增加率 K_v 是指岩石试样整体膨胀后体积的增加程度，由于空气会填补表面岩屑掉落留下的空隙，所以本研究忽略了岩屑体积对整体体积的影响，如图 2-11 所示。密度变化率 K_ρ 是质量和体积变化的综合体现。岩石试样密度变化率越大，说明岩石试样结构越松散、力学强度劣化越强；相反，密度变化率越小，岩石试样结构松散度和力学强度劣化程度越弱。K_m、K_v 和 K_ρ 可通过式（2-2）~式(2-4)计算：

$$K_m = \frac{m_0 - m_T}{m_0} \times 100\% \tag{2-2}$$

$$K_v = \frac{V_T - V_0}{V_0} \times 100\% \tag{2-3}$$

$$K_\rho = \frac{\rho_0 - \rho_T}{\rho_0} \times 100\% \tag{2-4}$$

式中，m_0、V_0 和 ρ_0 为岩石试样初始质量、体积和密度；m_T、V_T 和 ρ_T 为岩石试样加热到特定温度下的质量、体积和密度。

(a)　　　　　　　　　　(b)

图 2-11　1050 ℃受热温度花岗岩试样（遇水冷却）
(a) 正视图；(b) 斜视图

表 2-1 为不同热处理前后岩石试样的质量、体积、密度和波速值，按照冷却方式和温度大小对岩石试样进行编号，其中编号"25"为室温状态下未经过热处理的岩石试样；编号"A150"为经过 150 ℃高温处理后，再通过自然冷却的岩石试样；编号"W150"为经过 150 ℃受热温度处理后，再通过遇水冷却的岩石试样。不同温度作用下经过两种冷却方式降温的花岗岩试样质量、体积和密度变化数据及拟合曲线如图 2-12 所示，试验数据与指数函数模型拟合较好，试样参

表 2-1　不同热处理前后岩石试样相关物理参数

试样编号	热处理之前				热处理之后			
	质量/g	体积/cm³	密度/kg·m⁻³	波速/km·s⁻¹	质量/g	体积/cm³	密度/kg·m⁻³	波速/km·s⁻¹
25	513.48	196.25	2616.48	4.36	513.48	196.25	2616.48	4.36
A150	512.77	195.66	2620.69	4.25	512.62	195.86	2617.29	3.91
A300	512.96	195.92	2618.19	4.28	512.72	195.99	2616.07	3.26
A450	513.01	195.47	2624.55	4.50	512.42	196.44	2608.51	2.93
A600	512.55	195.47	2622.20	4.00	511.52	198.48	2577.26	1.52
A750	514.59	196.51	2618.62	4.20	513.09	201.05	2552.03	1.16
A900	511.54	194.55	2629.30	4.36	509.85	203.05	2510.98	0.92
A1050	511.38	194.88	2624.11	4.10	508.87	210.99	2411.83	0.74
W150	512.73	195.66	2620.50	4.25	512.51	195.60	2620.24	3.39
W300	512.94	195.21	2627.70	4.28	512.55	196.45	2608.99	2.88
W450	512.83	195.53	2622.76	4.30	512.13	197.62	2591.53	2.19
W600	512.98	195.73	2620.90	4.20	511.55	202.71	2523.60	1.34
W750	514.20	195.53	2629.76	4.60	512.45	203.40	2519.38	1.00
W900	513.25	195.86	2620.53	4.36	510.81	206.74	2470.79	0.76
W1050	513.61	195.79	2623.22	4.20	510.49	213.67	2389.11	0.34

数变化率随着温度的增加均呈指数型增长，拟合曲线分别用式（2-5）~式(2-10)表示：

$$K_{m-A} = 0.16 \times e^{T/743.48} - 0.17 \tag{2-5}$$

$$K_{m-W} = 0.24 \times e^{T/824.38} - 0.26 \tag{2-6}$$

$$K_{V-A} = 0.13 \times e^{T/252.16} - 0.19 \tag{2-7}$$

$$K_{V-W} = 0.11 \times e^{T/472.46} - 1.36 \tag{2-8}$$

$$K_{\rho-A} = 0.20 \times e^{T/280.43} - 0.27 \tag{2-9}$$

$$K_{\rho-W} = 1052 \times e^{T/514.70} - 1.81 \tag{2-10}$$

式中，K_{m-A} 为自然冷却作用下岩石试样质量损失率，%，拟合曲线的相关度 R^2 为 0.98；K_{m-W} 为遇水冷却作用下岩石试样质量损失率，%，拟合曲线的相关度 R^2 为 0.99；K_{V-A} 为自然冷却作用下岩石试样体积膨胀率，%，拟合曲线的相关度 R^2 为 0.99；K_{V-W} 为遇水冷却作用下岩石试样体积膨胀率，%，拟合曲线的相关度 R^2 为 0.97；$K_{\rho-A}$ 为自然冷却作用下岩石试样密度变化率，%，拟合曲线的相关度 R^2 为 0.99；$K_{\rho-W}$ 为遇水冷却作用下岩石试样密度变化率，%，拟合曲线的相关度 R^2 为 0.97。

　　图 2-12 为不同热处理花岗岩试样质量、体积和密度变化曲线，温度从 25 ℃ 到 1050 ℃ 的变化曲线可以分为四个阶段进行讨论。第一阶段为 25 ~ 150 ℃，在

此阶段冷却方式对花岗岩质量、体积和密度的变化几乎没有显著影响，质量、体积和密度的变化率相对较小；第二阶段为 150 ~ 600 ℃，冷却方式开始对花岗岩质量、体积和密度变化产生影响，且温度越大影响越明显。第三阶段为 600 ~ 750 ℃，冷却方式对花岗岩质量、体积和密度变化的影响达到峰值，但是变化率增加缓慢。第四阶段为 750 ~ 1050 ℃，花岗岩质量、体积和密度变化率增长最快，温度对变化率影响最明显。

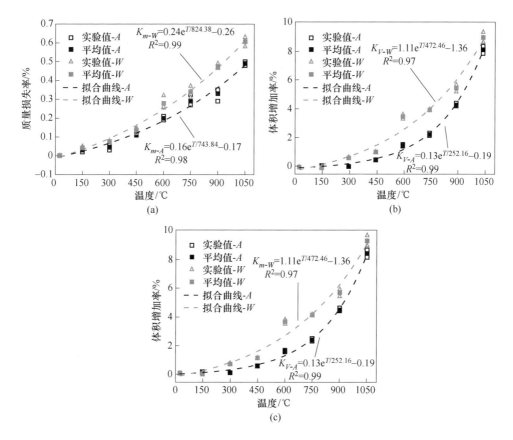

图 2-12 花岗岩试样质量、体积和密度变化率
(a) 质量损失率；(b) 体积膨胀率；(c) 密度变化率

第一阶段，随着温度的升高，质量损失率主要是由自由水转化为蒸汽逸出而造成的[114]。但是对于高致密性的花岗岩，岩石内部自由水含量很小，所以质量损失率变化不明显。花岗岩矿物颗粒随温度升高而膨胀，相邻颗粒之间的原生裂纹被压实。但是矿物颗粒在 150 ℃ 形成的膨胀挤压还不足以诱发新的微裂隙，所以此阶段的变化很小；第二阶段，引起质量损失率和体积膨胀率变化的原因比较复杂。自由水和结合水逸出会导致质量损失[115]，且花岗岩是由不同矿物颗粒组

成的非均质连续体，不同矿物颗粒具有不同的热膨胀系数。在花岗岩受到温度作用时，矿物颗粒产生不协调变形，变形大的颗粒会受到压缩作用，变形小的颗粒会受到拉伸作用，由此在岩石内部形成热应力[116]。如图 2-13 所示，当这种热应力达到或者超过岩石颗粒强度时，便会破坏矿物颗粒之间的连接，在矿物晶界处形成微裂隙。微裂隙的形成过程中会伴随一些矿物粒子的产生，这些微小矿物粒子不再受矿物颗粒的束缚，开始自由运动，甚至随空气散落[8,117]。由于从岩石试样表面脱离的矿物粒子不断累积，必然导致岩石试样整体质量损失；而微裂隙扩展产生新的空隙同样造成岩石整体体积的增加。温度为 573 ℃时，石英晶粒会由 α 相转为 β 相。石英相变后体积显著增大，这一过程会大大增加矿物粒子脱落的数量，从而导致岩石质量损失率和体积增加率增大。花岗岩在不同热处理过程中的微观结构变化是不同的，在降温过程中还会伴有龟裂现象[116]，产生更多的微裂隙，这时冷却方式开始对曲线变化产生影响，遇水冷却能够使热冲击花岗岩产生更多的微裂隙，所以其质量损失率和体积膨胀率相对较大。第三阶段，岩石内部结合水已经全部逸出，形成众多不规则微裂隙。随着温度的升高，岩石受到的热应力增大，但是热应力引起的新生微裂隙较少，物理参数的变化速度降缓。第四阶段，随着温度的进一步升高，热应力在此阶段起着重要的作用。在此温度段，花岗岩内部的 β 相石英再次相变为鳞石英，体积增加了 16% 左右[118]。在热应力作用下，内部微裂隙从内到外逐渐积累和连接，但未形成宏观裂纹。在遇水冷却时，新生的微裂隙导致较多的岩石碎屑被冲走，使得岩石试样质量损失率和体积增加率迅速增加。

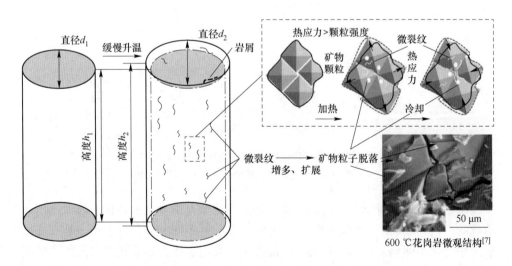

图 2-13　热处理作用下花岗岩试样微观结构变化示意图

由于花岗岩的质量损失率相对体积膨胀率要小一些，所以岩石试样的密度变化率随温度的变化与体积膨胀率相似,试验结果与文献 [119] 一致,如图 2-12(c)所示。第一阶段 (25 ~ 150 ℃),密度变化率基本不变,岩石试样的整体结构没有发生变化;第二阶段 (150 ~ 600 ℃),密度变化率开始快速增长,岩石试样整体结构快速变得松散;第三阶段 (600 ~ 750 ℃),密度变化率缓慢增长,岩石试样结构松散度缓慢增加;第四阶段 (750 ~ 1050 ℃),密度随温度的变化最明显,变化率增长速度最大,岩石试样松散度达到峰值。

2.2.2 纵波速度演化特征

声波能够在花岗岩中传播,而传播的纵波速度受花岗岩的矿物成分、颗粒胶结程度和空隙率等因素的影响。因此,纵波速度的测试在岩石损伤检测和评价中起着重要的作用。

热损伤花岗岩纵波波速的变化可以用波速衰减率 K_P 来表示,波速衰减率 K_P 为波速衰减量与初始波速的比值。K_P 可通过式 (2-11) 计算:

$$K_p = \frac{v_0 - v_T}{v_0} \times 100\% \qquad (2-11)$$

式中,v_0 为岩石试样室温波速,m/s,热处理之前花岗岩试样平均波速为 4360 m/s;v_T 为不同温度岩石试样波速,m/s,自然冷却作用下试样波速最低为 440 m/s,遇水冷却作用下试样波速最低为 340 m/s。

由表 2-1 可计算不同热处理花岗岩试样纵波波速变化数据,纵波波速衰减率能体现出花岗岩在热处理后的损伤程度,波速衰减率 K_p 的试验数据和拟合曲线如图 2-14 所示,曲线数据拟合较好 ($R^2 = 0.99$ 和 $R^2 = 0.97$),波速衰减率随着温度的增加均呈指数型增长,拟合曲线分别用式 (2-12) ~ 式(2-13) 表示:

$$K_{p\text{-}A} = -249.56 \times e^{-T/2116.67} + 243.01 \qquad (2-12)$$

$$K_{p\text{-}W} = -137.75 \times e^{-T/875.51} + 133.97 \qquad (2-13)$$

式中,$K_{p\text{-}A}$ 为自然冷却作用下岩石试样波速衰减率,%,拟合曲线的相关度 R^2 为 0.97;$K_{p\text{-}W}$ 为遇水冷却作用下岩石试样波速衰减率,%,拟合曲线的相关度 R^2 为 0.99。

不同热处理作用下的花岗岩纵波波速变化情况如图 2-14 所示,波速衰减率的演化过程可分为四个阶段:第一阶段为 25 ~ 300 ℃,波速衰减率随温度线性增加,主要是因为自由水和结合水随温度升高后汽化形成较多空隙。部分空隙会由于颗粒膨胀而被填充,但在遇水冷却作用下,被填充的空隙有可能会再次打开。在这种情况下,遇水冷却的岩石试样波速衰减率要高于自然冷却的岩石试样波速衰减率;第二阶段为 300 ~ 600 ℃,波速衰减率持续增大,达到 62.00% 和 68.09%,说明花岗岩试样损伤较为严重,首先是岩石矿物颗粒发生相变,相变后晶体发生膨胀、移动影响了纵波的传播,其次当颗粒没有足够的膨胀空间时,

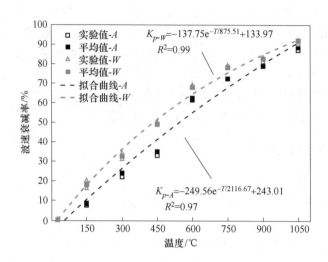

图 2-14　不同冷却方式下的花岗岩纵波波速衰减率

热应力会导致颗粒之间的连接被破坏，胶结程度减弱，颗粒周围产生新的裂纹[120]。热应力导致的破坏是不可逆的，当颗粒遇水冷却时会急剧收缩再次产生微裂隙，使得颗粒排列更加松散，空隙增加，阻碍了纵波在岩石中的传播。第三阶段为 600 ~ 750 ℃，波速衰减速率有所放缓，这主要是因为花岗岩新生热损伤变少，这一规律与文献 [119] 和文献 [121] 相似；第四阶段为 750 ~ 1050 ℃，波速衰减率继续增加。在此阶段，由于花岗岩试样遇水冷却作用后形成的新生微裂隙数量减少，所以两种冷却方式下的花岗岩波速衰减率趋于一致。在热损伤花岗岩试样的 K_p 随温度变化的过程中，$K_{p\text{-}W}$ 的变化曲线在 $K_{p\text{-}A}$ 之上，在 450 ℃时，$K_{p\text{-}W}$ 最大超过 $K_{p\text{-}A}$ 的 40.65%。

2.2.3　导热特性演化特征

地热开采工程中储层岩石以花岗岩为主，花岗岩的导热特性对于地热开采效率至关重要。本书采用瞬变平面热源法测试不同热处理条件下花岗岩的导热系数和热扩散系数，研究温度和冷却方式对花岗岩试样导热性能的影响。

基于花岗岩试样质量、体积和波速测试结果，统计分析显示结果标准偏差较小。岩石试样在热处理前具有良好的均质性，热处理后呈现出一定的规律，且质量、体积和波速测试均属于无损伤测试，岩石试样导热特性测试不会受到影响。在接下来的试验研究中，同种热处理方式下岩石试样取其平均值进行讨论分析。不同热处理后花岗岩导热特性测试结果如表 2-2 所示，对于热处理前的待测花岗岩试样平均导热系数为 3.41 W/(m·K)。花岗岩试样的导热系数和热扩散系数分别用 K_T 和 K_D 表示，自然冷却作用的导热系数和热扩散系数为 $K_{T\text{-}A}$ 和 $K_{D\text{-}A}$，遇水冷却作用下的导热系数和热扩散系数为 $K_{T\text{-}W}$ 和 $K_{D\text{-}W}$，图 2-15 为 K_T 和 K_D 随热处理温度的变化情况。

表 2-2 不同热处理花岗岩的导热系数和热扩散系数

试样编号	导热系数/W·(m·K)⁻¹			热扩散系数/mm²·s⁻¹		
25	3.35	3.43	3.44	1.47	1.62	1.65
A150	3.32	3.28	3.30	1.62	1.56	1.59
A300	2.92	2.88	2.90	1.41	1.41	1.40
A450	2.60	2.58	2.62	1.33	1.27	1.24
A600	1.88	2.01	2.01	1.07	1.07	1.05
A750	2.00	1.97	1.94	1.01	0.97	0.98
A900	1.45	1.39	1.38	0.84	0.79	0.78
A1050	1.02	0.99	0.99	0.51	0.48	0.48
W150	3.29	3.21	3.25	1.55	1.49	1.59
W300	2.70	2.68	2.65	1.27	1.25	1.24
W450	2.41	2.38	2.39	1.17	1.14	1.12
W600	1.90	1.89	1.88	0.94	0.93	0.93
W750	1.81	1.81	1.80	0.99	0.95	0.94
W900	1.36	1.33	1.33	0.71	0.66	0.66
W1050	0.97	0.96	0.96	0.53	0.52	0.52

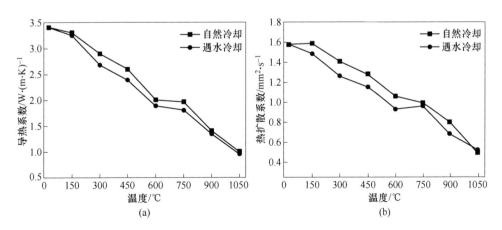

图 2-15 不同冷却方式下花岗岩导热特性演化规律

(a) 导热系数；(b) 热扩散系数

　　随着热处理温度的增加，花岗岩试样的导热系数和热扩散系数逐渐下降，二者的变化规律相似，影响其变化的因素大致相同。以导热系数的变化规律为例，从 25 到 150 ℃，K_T 变化很小且 K_{T-A} 和 K_{T-W} 相同。这说明微量的自由水逸出对导热系数影响不大，温度导致的微裂隙数量也不足以对导热系数产生影响。在此阶段，K_m 和 K_V 变化也不大，K_p 受空隙率影响有较小上涨。从 150 到 450 ℃，K_T 逐渐减小且 K_{T-W} 开始低于 K_{T-A}。因为结合水汽化逸出，形成许多空隙，且热应力作用形成的微裂隙开始扩展，岩石试样中出现多种微裂隙，同时裂纹的宽度和数量随着温度升高而增加[122]。不同的冷却方式下岩石试样产生的微裂隙数量和扩展程度不同，遇水冷却能够对岩石试样造成更大程度的损伤。从 450 到 600 ℃，K_T 迅速降低且衰减速率达到峰值。这意味着微裂隙对导热系数的影响变得更加明显，热应力诱发的微裂隙作为热量传递的屏障，导致导热系数显著下降。450 ~ 600 ℃ 被看作是花岗岩导热特性存在温度阈值的范围，在此温度范围 K_T 会发生快速降低，K_m、K_V 和 K_p 也会明显增加，在此阶段结合水快速逸出，微裂隙密度和宽度都在累积增加，同时石英的相态变化也会导致岩石导热系数的变化。从 600 到 750 ℃，K_T 继续降低，但衰减速率减小，这表明热处理会进一步导致微裂隙的发育，但新生微裂隙的数量较少。在此阶段，K_m、K_V 和 K_p 的增加速度也开始减慢，变化趋势和 K_T 相似。从 750 到 1050 ℃，K_T 再次出现快速变化，K_{T-W} 和 K_{T-A} 的差距逐渐缩小，当温度为 1050 ℃ 时，K_{T-W} 和 K_{T-A} 基本重合，这一特征和 K_V、K_p 较为一致。K_T 再次出现快速衰减，主要是因为在 870 ℃ 时，石英颗粒由 β 态石英转变为 β 态鳞石英，此时石英颗粒的体积增加了 16%[118]。

　　石英体积的增加导致颗粒之间的变形更明显，形成更大的热应力，对岩石造成了更大程度的损伤。随着温度升高，由石英相变引起的微裂隙会继续膨胀，同时导热系数发生明显降低。当温度达到 1050 ℃ 时，K_T 已经降为岩石热处理之前的三分之一，岩石内部结构已经受到非常严重的破坏，与自然冷却相比，遇水冷却很难再造成更大程度的损伤，所以 K_{T-W} 和 K_{T-A} 相差不大。而 K_{m-W} 仍大于 K_{m-A}，这是因为遇水冷却时循环水的冲刷会带走由热破裂形成的岩屑和粉末，从而导致质量减少。热损伤花岗岩试样的 K_T 随温度升高的变化过程中，K_{T-W} 的变化曲线在 K_{T-A} 之下，当温度为 750 ℃ 时，K_{T-W} 低于 K_{T-A} 的 8.84%。

　　微裂隙的产生是花岗岩物理特性劣化的源头，矿物颗粒种类和分布对微裂隙的发展起着主导作用。岩石导热特性与其他物理参数一样受岩石微裂隙的影响，对上述试验结果进行对比分析后发现，导热特性与其他物理参数密切相关，图 2-16 显示了热冲击花岗岩遇水冷却后的导热系数随质量衰减率、体积膨胀率和波速衰减率的变化关系。如图 2-16 所示，导热系数与质量衰减率、体积膨胀率和波速衰减率成反比，用指数函数来表示。

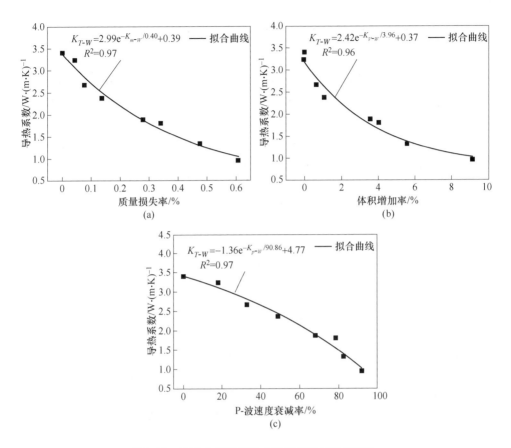

图 2-16　热冲击花岗岩遇水冷却后导热系数变化

（a）导热系数与质量衰减率的关系；（b）导热系数与体积膨胀率的关系；
（c）导热系数与波速衰减率的关系

　　在不同受热温度作用下，花岗岩内部水分的汽化逸出和微裂隙的发育会导致岩石内部产生空隙，新生空隙越多意味着脱落的矿物粒子越多，从而导致质量损失。因此，质量损失率与空隙率的增加是共生关系，质量损失可以间接反映空隙数量和尺寸的增加，空隙率的增加会阻碍热流在岩石内的传播，这可以很好地解释质量损失率与导热系数之间的负相关性关系。同样，高温会使岩石矿物颗粒膨胀、晶体相变等，矿物颗粒的变化对岩石体积增加、纵波传播和热流传递产生显著影响，这也解释了导热系数与体积膨胀率和纵波衰减率之间的比例关系。导热系数随着质量损失率和体积增加率的增大而减小，变化速度逐渐减小；而导热系数随着波速衰减率的增大而增大，变化速度越来越快。这说明导热系数对质量损失率和体积膨胀率的敏感度越来越小，而对波速衰减率的敏感性越来越大。

2.3　热损伤花岗岩物理参数的数理统计分析

在不同受热温度作用下，岩石内部结构受热应力的影响会发生一系列的变化，由岩石内部微观结构变化引起岩石物理力学性能的劣化过程称为岩石的损伤[123]，由热应力引起的岩石损伤称为岩石热损伤。研究岩石热损伤行为最简单的方法是分析岩石物理特性的演化规律。虽然对热处理后的花岗岩进行物理特性测试，能够在一定程度上得到物理特性演化规律，但在实际工程中，岩石赋存环境和工程背景具有特殊性和复杂性，定量的结论可能不具有普适性。岩石在不同受热温度环境下的物理力学特性改变程度可以称为岩石改性效应。为了将岩石热损伤后的改性效应与实际工程相联系，将试验现象与工程问题紧密结合，本节采用数理统计的方法对热损伤岩石物理参数进行统计研究，提出热损伤花岗岩物理参数改性效应和基于物理参数关联性的热冲击花岗岩导热性能评价方法。

2.3.1　热损伤花岗岩物理参数改性效应分析

通过分析热损伤花岗岩物理特性随温度升高的变化规律，证明了温度具有改变花岗岩物理性质的能力。为了进一步分析热处理作用对不同物理参数的改性效应以及不同物理参数对温度的敏感性，将试验数据中每组温度对应的密度、纵波波速和导热系数进行归一化处理，计算不同温度状态下的花岗岩物理特性改性系数：

$$m_i = \frac{N_T}{N_0} \tag{2-14}$$

式中，m_i 为热处理作用下的花岗岩改性系数；N_T 为不同温度作用下的物理参数；N_0 为室温状态下的物理参数。

室温状态下的花岗岩为未经过热处理作用的岩石试样，岩石试样在室温下的密度、纵波波速和导热系数的改性系数为 1.0。通过前文的物理特性演化特征规律可知，随着温度的升高，岩石试样密度、纵波波速和导热系数的变化是一个衰减的过程。所以在不同温度作用下的密度、纵波波速和导热系数的改性系数均小于 1.0，改性系数越小表示物理参数的改性效应越明显。通过表 2-1 和表 2-2 可以得到不同温度作用下花岗岩的密度、纵波波速和导热系数，利用式（2-14）可以计算得出不同温度作用下花岗岩物理参数的改性系数，如图 2-17 所示。

为便于建立热处理温度与花岗岩物理参数之间的改性系数函数表达式，对物理参数随温度的变化曲线进行线性拟合，发现温度和各物理参数间的改性系数满足线性函数关系：

$$m_i = a - bT \tag{2-15}$$

式中，a、b 为改性系数拟合常数；T 为热处理温度。

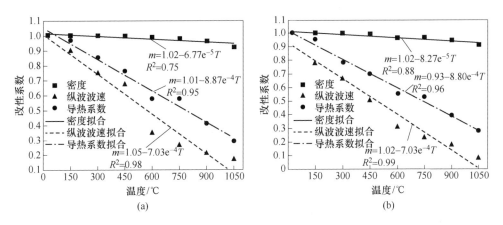

图 2-17 不同热处理花岗岩物理参数改性效应拟合

（a）自然冷却；（b）遇水冷却

由图 2-17 可知，经过不同热处理作用后的花岗岩物理参数（密度、纵波波速、导热系数）的改性系数随着温度的升高呈线性降低趋势，遇水冷却的花岗岩试样改性系数小于自然冷却的岩石试样改性系数。对比发现：各物理参数的改性系数随温度升高的敏感性强弱依次为纵波波速 > 导热系数 > 密度。综上可得，热损伤花岗岩的纵波波速对温度的响应最为敏感，而且波速测试具有操作简单、测试范围广和对岩石无损伤的特点。因此，纵波波速可以优先作为衡量花岗岩热损伤的有效指标参数。在地热资源勘探过程中，依靠对地热井钻取上来的岩芯进行波速测试，根据不同变化情况可以快速反演地热井温度。

2.3.2 热损伤花岗岩物理参数关系的数学模型

热损伤花岗岩多物理参数关系属于多元分析研究，主要内容就是讨论向量各分量之间以及向量与向量之间的相关性，即在不同温度作用下物理参数值之间以及相同温度作用下不同物理参数值之间的相关性研究。热损伤岩石的物理参数有很多，在如此多的物理参数变量中有很多是相关的，多元相关性分析就是通过建立数学模型对整体进行描述。多元相关性分析常用的统计方法有主成分分析（principal component analysis，PCA）和典型相关分析（canonical correlation analysis，CCA），由于典型相关分析主要用于处理两个向量之间的相互依赖关系，所以本节采用主成分分析方法。

2.3.2.1 PCA 方法

多元分析的问题之所以复杂，往往是因为维数较高，即相关的物理参数过多，而且一般各物理参数之间都存在一定的相关性。因此，主成分分析的主要内容就是从众多的指标中构造出少数几个综合指标，既能综合反映原始物理参数的信息，相互之间又尽可能避免重复信息。

定义热损伤花岗岩物理参数为 X：

$$X = (x_1, x_2, x_3, \cdots, x_p)', \quad p \geqslant 2, \quad E(X) = \mu, \quad D(X) = V \geqslant 0 \qquad (2\text{-}16)$$

寻求热损伤花岗岩物理参数综合指标的基本思路是：找出总体物理参数 X 各分量物理参数的线性组合 y_1，为使 y_1 尽可能多地反映 X 的变化情况，就要使 y_1 具有最大的方差。继而找出 X 各分量物理参数的第二个线性组合 y_2，为使 y_2 与 y_1 之间尽可能不含重复信息，且能尽可能多地反映 X 的信息，就要使 y_2 与 y_1 在不相关的条件下具有最大的方差。按照这种方法将 X 中的信息全部提取后，得到 y_1 与 y_2 两个新的综合指标即为 X 的主成分。

针对岩石热损伤问题，岩石物理参数的单位不同，就很难对其线性组合的含义进行解释，为了消除物理参数之间不同单位的影响，通常是先把各物理参数变量进行标准化，即做如下变换：

$$X^* = (x_1^*, x_2^*, \cdots, x_p^*)' = \left[\frac{x_1 - \mu_1}{\sqrt{\sigma_{11}}}, \frac{x_2 - \mu_2}{\sqrt{\sigma_{22}}}, \cdots, \frac{x_p - \mu_p}{\sqrt{\sigma_{pp}}} \right]' \qquad (2\text{-}17)$$

式中，$\mu = E(X) = (\mu_1, \mu_2, \cdots, \mu_p)'$，$V$ 为协方差阵，$V = D(X) = (\sigma_{ij})_{p \times p}$。

数据标准化处理的原则就是原数据减去均值后，再除以标准差。数据标准化处理后，按照下述步骤进行 X 主成分分析：

（1）求 X 的协方差阵 V 的特征根，记为：

$$\lambda_1 \geqslant \lambda_2 \geqslant \cdots \geqslant \lambda_k > 0, \quad \lambda_{k+1} = \cdots = \lambda_p = 0 \qquad (2\text{-}18)$$

（2）求 λ_j 对应的单位特征向量 μ_j，$j = 1, 2, \cdots, k$。

（3）取 $y_j = \mu_j'$，$j = 1, 2, \cdots, k$。

主成分分析的目的是用尽可能少的不相关主成分 y_1，y_2，$\cdots$，$y_k(k \leqslant p)$ 来代替 p 个相关的变量 x_1，x_2，$\cdots$，x_p，且能满足 $X = (x_1, x_2, \cdots, x_p)'$ 的统计特性，并对 y_1，y_2，$\cdots$，y_k 的实际意义进行合理的解释。主成分的个数需要根据主成分的贡献率来决定，主成分的贡献率为主成分 y_i 的特征根 λ_i 在全部特征根中的比值。一般来讲，在实际应用中经常会忽略贡献率小的主成分。

2.3.2.2　热损伤花岗岩物理参数关系分析

通过表 2-1 和表 2-2 可以得到热冲击花岗岩试样遇水冷却后的物理参数原始数据，将数据代入 Matlab 软件采用 PCA 方法进行计算。首先，对原始数据进行标准化处理，消除不同物理参数单位对参数关联性的影响，得到无量纲数据，如表 2-3 所示。

表 2-3 热损伤花岗岩物理参数标准化处理

温度	质量 /g	体积 /cm^3	密度 /kg·m^{-3}	波速 /km·s^{-1}	导热系数 /W·(m·K)$^{-1}$	热扩散系数 /mm^2·s^{-1}
25	1.4976	-0.8335	0.8941	1.6439	1.3931	1.3270
150	0.5186	-0.9357	0.9396	0.9588	1.1775	1.2303
300	0.5589	-0.8021	0.8036	0.5986	0.4965	0.4658
450	0.1350	-0.6183	0.5925	0.1112	0.2015	0.1758
600	-0.4504	0.1815	-0.2286	-0.4891	-0.3774	-0.3779
750	0.4580	0.2890	-0.2797	-0.7292	-0.4682	-0.3076
900	-1.1973	0.8147	-0.8670	-0.8987	-1.0016	-1.0546
1050	-1.5203	1.9035	-1.8544	-1.1954	-1.4215	-1.4588

数据标准化后，按照主成分分析法的步骤（1）～步骤（3）计算，解出了特征方程的 6 个特征根，得到主成分的转化矩阵（特征向量）为：

$$\lambda_1 = 5.6354, \lambda_2 = 0.1924, \lambda_3 = 0.1493, \lambda_4 = 0.0227, \lambda_5 = 0.0002, \lambda_6 = 0.0001$$

$$\begin{vmatrix} 0.3940 & 0.1721 & 0.8936 & -0.1182 & -0.0492 & 0.0169 \\ -0.4063 & 0.5934 & 0.1027 & 0.1282 & 0.5245 & 0.4250 \\ 0.4101 & -0.5146 & -0.0743 & -0.1334 & 0.6021 & 0.4257 \\ 0.4045 & 0.5119 & -0.3518 & -0.6368 & 0.1072 & -0.1834 \\ 0.4169 & 0.2349 & -0.2253 & 0.3176 & -0.4810 & 0.6229 \\ 0.4173 & 0.1903 & -0.1048 & 0.6674 & 0.3421 & -0.4650 \end{vmatrix} \quad (2-19)$$

为了得到尽可能少的不相关主成分，需要计算特征根贡献率：

$$\frac{5.6354}{5.6354 + 0.1924 + 0.1493 + 0.0227 + 0.0002 + 0.001} = 93.9233\% \quad (2-20)$$

当保留第一个主成分时，累积贡献率已经达到 93.9233%，相关经验指出，若前 N 个主成分的累积贡献率超过 85% 就足够满足统计特性。据此得到的热损伤花岗岩物理参数（质量、体积、密度、波速、导热系数、热扩散系数）之间的关联性可以表示为：

$$y = 0.3940m - 0.4063V + 0.4101\rho + 0.4045P + 0.4169K_D + 0.4173K_T \quad (2-21)$$

从 y 数学模型可以看出，系数的符号为五正（m, ρ, P, K_D, K_T）一负（V），花岗岩的 y 数值越大，表明该岩石试样具有密度大、体积小、岩石结构完整和导热性好的特点。根据前面对热冲击花岗岩导热特性演化规律的分析，岩石导热系数可以由质量损失率、体积增加率和波速衰减率的指数函数表示。因此，可以将 y 值作为一种基于多物理参数关联性的热冲击花岗岩导热性能的评价指标。

利用 y 数学模型对 8 个温度梯度的花岗岩试样按大到小排序：150 ℃ >

300 ℃ > 450 ℃ > 600 ℃ > 750 ℃ > 900 ℃ > 1050 ℃。图 2-18 为 y 随温度升高的变化关系，从图中可以看出：温度为 150～450 ℃，y 虽然随着温度升高略微有所下降，但降低幅度对于整个变化过程中可以忽略不计。当温度超过 450 ℃ 时，y 值迅速下降，会严重劣化花岗岩的导热性能。

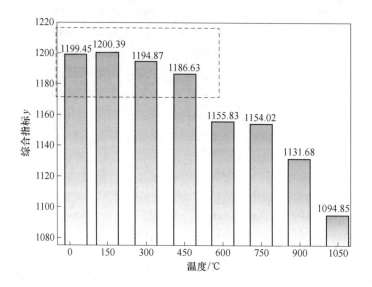

图 2-18　热冲击花岗岩导热性能评价综合指标

2.4　本 章 小 结

本章首先对热冲击花岗岩在不同冷却方式下的物理参数进行了测试，讨论了不同热处理作用下岩石试样质量损失率、体积膨胀率、波速衰减率和导热系数随温度的变化特征，重点分析了热损伤花岗岩物理参数之间的相关性，并建立物理参数关系的数学模型，主要研究结果如下：

（1）质量损伤率、体积增加率和密度变化率随着温度的升高呈指数型变化，从微观角度揭示了花岗岩的热损伤机制。温度为 25～150 ℃ 时，质量、体积和密度变化不大，这一阶段的主导因素是自由水逸出。温度为 150～600 ℃ 时，变化率开始逐渐变大，其中 450 ℃ 是温度阈值。当温度大于 450 ℃，变化率显著增加，该阶段主要因素是结合水和热应力共同作用。温度为 600～750 ℃ 时，变化率缓慢增加，主导因素为热应力。温度为 750～1050 ℃ 时，花岗岩再次相变，变化率显著增加，主导因素为热应力和岩屑。

（2）花岗岩试样波速衰减率随着温度的升高逐渐变大，温度为 25～300 ℃ 时，衰减率逐渐增大，主要因为水分蒸发，空隙增多。在 300～600 ℃ 范围，岩石损伤累积，波速衰减率持续增大。温度为 600～750 ℃时，波速衰减速率变化缓慢，岩石受到的新的热损伤减少。温度为 750～1050 ℃时，波速衰减率再次开始显著增大，波速衰减率达到 91%，岩石受到严重损伤。

（3）热冲击花岗岩的导热系数很大程度上取决于热处理温度。热处理后花岗岩的导热系数随着温度升高（25～1050 ℃）呈非线性下降趋势，导热系数的衰减速率在 450 ℃和 600 ℃范围达到峰值。当温度升高到 1050 ℃时，花岗岩导热系数仅为热处理前试样的 30%。热损伤花岗岩的质量损伤率、体积增加率和波速衰减率与导热系数呈负相关性关系，可以用指数函数来表示。

（4）冷却方式对热损伤花岗岩物理参数变化率有很大的影响。热损伤花岗岩试样 $K_{m\text{-}W}$、$K_{V\text{-}W}$ 和 $K_{p\text{-}W}$ 均大于 $K_{m\text{-}A}$、$K_{V\text{-}A}$ 和 $K_{p\text{-}A}$，揭示了花岗岩遇水冷却时受到的损伤更严重，遇水冷却能够在岩石内部产生更多的微裂隙。

（5）采用数理统计的方法对热损伤花岗岩物理参数进行统计研究，提出热损伤花岗岩物理参数改性效应评价方法，确定了纵波波速检测为热损伤花岗岩的有效检测手段。利用 PCA 方法确定了热损伤岩石多物理参数关联性的数学模型：$y = 0.3940m - 0.4063V + 0.4101\rho + 0.4045P + 0.4169K_D + 0.4173K_T$，阐明 y 值为基于多物理参数关联性的热冲击花岗岩导热性能评价指标。

3　热损伤花岗岩微观结构变化
及其表征方法

热损伤花岗岩物理特性的变化多数是由于温度对岩石内部基本构成产生的影响。岩石的基本构成是由矿物成分和内部结构决定，而岩石的内部结构是由微裂纹（原生）、晶间空隙、晶格缺陷和晶格边界等微观结构组成，岩石微观结构的变化会直接影响岩石的物理力学性质。在温度作用下，花岗岩试样的矿物颗粒边界及内部会形成不同种类的新生微裂隙，同时孔隙结构也会受到温度变化的影响。储层热储集性能代表储层孔隙流体的流动活跃程度，与储层岩石孔隙结构特征密切相关。孔隙结构中的孔喉大小和连通性的不同，造成储层热储集性能的差异[124]。为了进一步分析温度作用下岩石内部结构的变化规律以及岩石结构变化对地热储层的影响，本书开展了热损伤花岗岩微观结构试验。本研究通过热损伤花岗岩微观结构试验结果，分析了岩石试样微裂隙和孔隙的变化规律，为地热储层热储集性能的评估提供了有效依据。

3.1　试　验　方　案

为了进一步分析热处理对花岗岩内部结构的影响，使用偏光显微镜（PM）和扫描电镜（SEM）观察热处理后的花岗岩试样微观结构，如图 3-1 所示。在进行偏光显微镜观察之前，首先将热处理之后的花岗岩块沿平面切成厚度为 30 μm 的光学薄切片，每组温度下的花岗岩试样制备三个光学薄切片。采用 OLYMPUS BX53M 型偏光显微镜观察这些薄片，为了保证观测效果，放大倍数设为 50 倍。为了分析热处理后花岗岩试样断口微裂隙的演化规律，利用 ZEISS MERLIN 型场发射电子显微镜对岩石试样的断口微观形貌进行观察。为了提高花岗岩电导率且防止仪器损坏，测试前必须对岩石试样进行喷金处理。

目前，岩石孔隙结构的测试技术、设备主要有核磁共振（NMR）、电子计算机断层扫描（CT）和显微镜等，其中核磁共振技术对岩石没有任何损伤，并且能够测试到的岩石孔径范围最广。为了分析热损伤花岗岩试样多种孔隙结构的变化，本书采用苏州纽迈 MesoMR23-060H-I 核磁共振成像分析仪对热处理后的花岗岩试样进行测试，得到不同热处理花岗岩试样的孔隙度及横向弛豫时间（T_2）分布曲线。

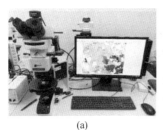 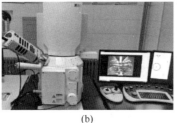 

      (a)   (b)   (c)

图 3-1　岩石微观结构试验设备

（a）偏光显微镜 OLYMPUS BX53M；（b）场发射电子显微镜 ZEISS MERLIN；

（c）核磁共振成像分析仪 MesoMR23-060H-I

3.2　热损伤花岗岩微观结构形貌分析

    花岗岩的矿物成分复杂，主要包含石英、长石和云母等矿物颗粒。岩石矿物颗粒之间的胶结程度会受温度的影响，微观结构随温度升高也会发生一定程度的变化。本研究首先借助偏光显微镜，观察不同热处理后的花岗岩试样单一切面的微裂隙变化情况，再利用扫描电镜对花岗岩晶粒结构和微观断口形貌进行观察，得到微裂隙在空间上的扩展规律。谢和平[125]将岩石受到不同程度损伤而形成的微裂隙分为三种类型：晶界微裂隙、晶内微裂隙和穿晶微裂隙，如图 3-2 所示。对于热损伤花岗岩，这三种类型的微裂隙形成条件与热处理温度有很大关系，它们代表了不同的热损伤程度，一般情况下温度越高对岩石的损伤程度越大，所以通过观察不同温度下的花岗岩试样微裂隙扩展情况，能够从微观角度讨论岩石受到的热损伤问题。

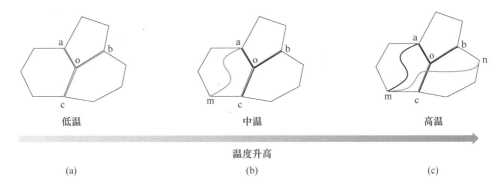

图 3-2　晶体微裂隙类型随温度变化示意图

（a）晶界微裂隙；（b）晶内微裂隙；（c）穿晶微裂隙

3.2.1　岩石切面微裂隙形貌

本研究中花岗岩主要矿物颗粒（石英、钠长石、钾长石和黑云母）分别用 Qtz、Ab、Kfs 和 Bt 表示，不同矿物成分及结构在单偏振光条件下的显微观察结果如图 3-3 所示。在图 3-3(a) 中，温度为 25 ℃的花岗岩试样内部存在原生微裂纹。当温度为 150 ℃时，花岗岩试样中原生微裂纹部分发生闭合，如图 3-3(b) 所示，这种现象在一定程度上会增强岩石自身强度。当温度升高到 300 ℃时，晶界微裂隙开始出现在相邻矿物颗粒的边界，主要与矿物颗粒膨胀变化后的不协调变形有关，如图 3-3(c) 所示。温度在 25～300 ℃之间，矿物颗粒内部胶结程度良好，几乎看不到微裂隙的存在，但当温度升高到 450 ℃时，矿物颗粒内部开始出现晶内微裂隙，并逐渐聚集，自身强度可能发生劣化，如图 3-3(d) 所示。随着温度的升高，晶界微裂隙越来越集中并且出现少量的穿晶微裂隙，如图 3-3(e) 所示。热损伤诱发的微裂隙持续发育，当温度超过 600 ℃时，在试样内部可以观察到更多的穿晶微裂隙，如图 3-3(f) 所示。通过观察分析，岩石试样受到的热处理温度越高，试样内部形成的微裂隙数量和种类越多，证明受到的热损伤程度越严重。

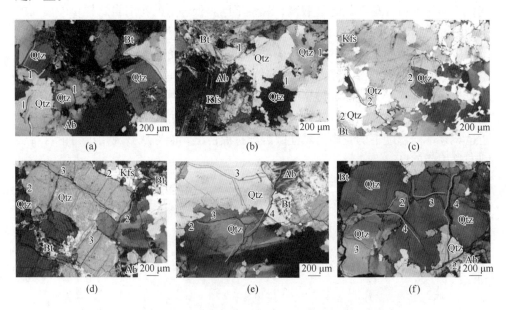

图 3-3　基于单偏光显微镜观察的热损伤花岗岩微裂隙随温度演化图

(a) 25 ℃；(b) 150 ℃；(c) 300 ℃；(d) 450 ℃；

(e) 600 ℃；(f) 1050 ℃

（数字代表不同的微裂隙类型：1—原始微裂隙；2—晶界微裂隙；

3—晶内微裂隙；4—穿晶微裂隙）

3.2.2 岩石晶粒结构和微观断口形貌

为了分析热损伤花岗岩微裂隙结构的变化，利用扫描电镜观察其断口的形貌变化，为岩石力学性质的劣化机理提供依据。热冲击花岗岩试样在遇水冷却后的断口形貌如图 3-4 所示。温度为 25 ℃时，花岗岩试样内部存在原生微裂纹和孔隙，胶结程度较好，如图 3-4(a) 所示；温度为 150 ℃时，由于岩石自由水的蒸发逸出，表面形成许多微空隙，晶体颗粒尺寸明显增大，如图 3-4(b) 所示；当温度为 300 ℃时，矿物颗粒之间的不协调变形导致边界胶结程度降低，甚至在一些矿物颗粒之间出现破裂形成晶界微裂隙，这时大部分岩石碎屑因胶结程度降低而脱离，附着在矿物颗粒上的碎屑减少，如图 3-4(c) 所示；当温度为 450 ℃时，随着热应力的增大，空隙和裂隙的数量以及晶体尺寸继续增大，不同晶粒的边界更加明显，如图 3-4(d) 所示。在低倍数下，试样看起来完整且致密，在高倍数下可以看到大量空隙和裂隙；当温度为 600 ℃时，石英体积迅速膨胀，巨大的热应力贯穿相邻矿物颗粒形成穿晶微裂隙，并且原生裂纹张开度增大，如图 3-4(e) 所示。在 100 倍数下便可以看到贯穿的微裂隙，随着放大倍数的增加，可以发现大量的不同晶粒间存在空隙和微裂隙，晶粒表面出现大量的细小岩屑结构。随着温度的继续升高，在低倍数下能够观察到的微裂隙数量越来越多，热应力形成的微裂隙张开度逐渐增大；当温度为 1050 ℃时，在热分解、热应力和矿物相变的共同作用下，岩石内部空隙和裂隙的数量持续增加，微裂隙的张开度达到峰值。矿物颗粒之间失去胶结作用，部分微小岩屑很可能被水流冲刷脱落，矿物颗粒表面较光滑，如图 3-4(f) 所示。

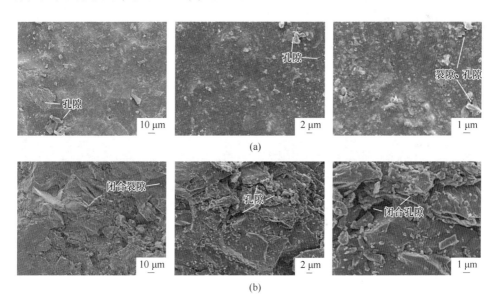

(a)

(b)

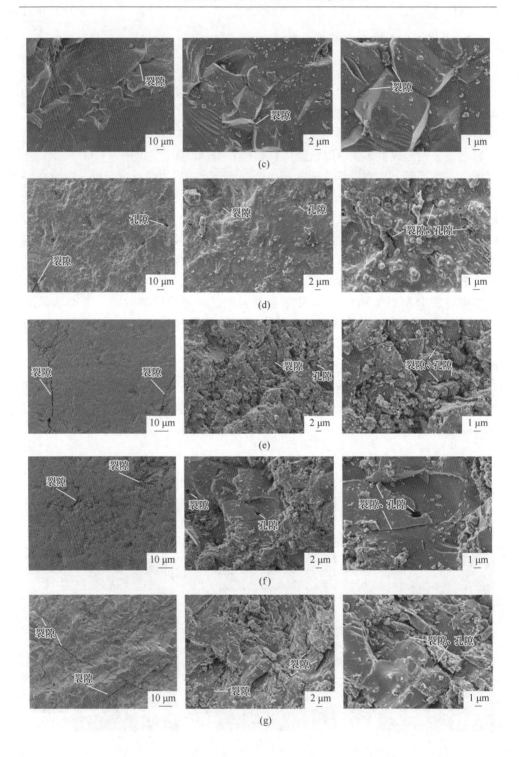

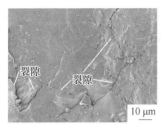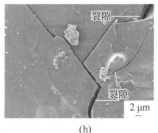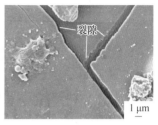

(h)

图 3-4 基于扫描电镜观察的热损伤花岗岩断口形貌随温度演化图
(a) 25 ℃：×500、×2000、×5000；(b) 150 ℃：×500、×2000、×5000；
(c) 300 ℃：×500、×2000、×5000；(d) 450 ℃：×500、×2000、×5000；
(e) 600 ℃：×100、×2000、×5000；(f) 750 ℃：×100、×2000、×5000；
(g) 900 ℃：×100、×2000、×5000；(h) 1050 ℃：×100、×2000、×5000

随着温度的升高，岩石内部矿物颗粒逐渐膨胀导致岩石体积增加，自由水、矿物微颗粒及岩屑的减少必然降低了岩石的质量，如图 3-4 所示。当温度为 25～150 ℃时，晶体颗粒发生膨胀，内部热应力导致裂隙闭合，从而增加了岩石的密实度，岩石试样强度也会略微增强。因此，在 25～150 ℃温度段，岩石试样质量降低，体积略微增加，如图 2-12(a) 和 (b) 所示。当温度由 150 ℃升高到 450 ℃时，如图 3-4(c) 和 (d) 所示，矿物颗粒发生膨胀受到周边颗粒的约束，导致热应力的增加，同时结合水和表面岩屑的损失，导致岩石质量继续减少。当热应力超过矿物颗粒强度时，岩石表面会产生新的微裂隙，从而导致岩石整体松散，与图 2-12(a) 和 (b) 中岩石质量和体积的变化相对应。当温度为 450～1050 ℃时，花岗岩受到石英相变影响，在 600 ℃时会产生大量的微裂隙和岩屑颗粒。随着温度升高，岩石表面岩屑逐渐减少，岩石松散程度逐渐增加。

3.3 热损伤花岗岩孔隙结构演化特征

核磁共振技术主要是以水中的氢原子为信号源，监测岩石试样中水的含量与分布。将热处理之后的花岗岩试样进行饱水处理，当花岗岩试样达到完全饱水状态后再进行核磁试验。通过核磁共振技术可以得到不同热损伤花岗岩试样的弛豫时间，对岩石试样弛豫时间进行反演便可以获取孔隙度和孔径的分布情况。

3.3.1 岩石孔隙度演化

孔隙度是岩石孔隙结构的重要参数，对不同受热温度岩石的宏观物理力学特性具有重要的影响。图 3-5 给出了花岗岩在不同温度和冷却作用下的岩石孔隙度变化情况。从图中可以看出，温度由 25 ℃升高到 300 ℃的过程中，花岗岩的孔隙度基本保持稳定；温度升高至 450 ℃时，孔隙度开始缓慢增大，且经过遇水冷却的岩石试样孔隙度开始高于自然冷却的岩石试样孔隙度；当温度由 450 ℃升高到 600 ℃时，花岗岩孔隙度迅速增加，这是因为温度达到 573 ℃时，石英由三方晶系的 α 态相变为六方晶系的 β 态，体积增大导致晶粒形成大量热致微裂隙；温度由 600 ℃升高到 750 ℃时，花岗岩孔隙度再次缓慢增加，而经过遇水冷却的岩石孔隙度增加速率更大；温度由 750 ℃升高到 1050 ℃时，花岗岩孔隙度迅速增加，且增加速率随温度升高而增大，这是因为石英在 800 ℃时再次发生相变，由 β 态石英转变为鳞石英。

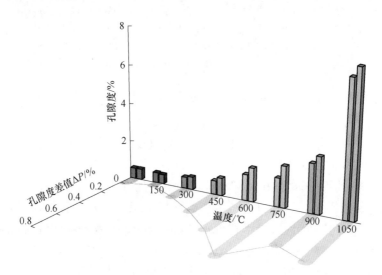

图 3-5　孔隙度随温度的变化（左柱为自然冷却；右柱为遇水冷却）

　　对比热处理前后花岗岩试样孔隙度的变化情况，不同冷却方式下的岩石孔隙度都随温度的升高而增加。在整个温度变化过程中（25 ~ 1050 ℃），自然冷却的花岗岩孔隙度从 0.57% 增加到 6.68%，而遇水冷却的花岗岩孔隙度从 0.61% 增加到 7.17%。当温度达到 450 ℃和 750 ℃时，花岗岩孔隙度都会由缓慢增加变为快速增加。温度由 450 ℃升高到 750 ℃时，自然冷却的花岗岩试样孔隙度增加了 0.74%，而温度由 750 ℃升高到 1050 ℃时，孔隙度增加了 5.24%。温度由 450 ℃升高到 750 ℃时，遇水冷却的花岗岩试样孔隙度增加了 1.17%，而温度由 750 ℃升高到 1050 ℃时，孔隙度增加了 5.09%。无论是自然冷却还是遇水冷却的花岗岩试样，花岗岩试样孔隙度都在 900 ℃时开始快速增长，这说明在 900 ℃ 附近存在花岗岩孔隙度的温度阈值。遇水冷却花岗岩试样与自然冷却花岗岩试样孔隙度差值用 ΔP 表示，ΔP 值随着温度升高而变化。温度为 150 ℃时，矿物颗粒在温度作用下发生膨胀变形，而遇水冷却后颗粒急剧收缩，部分受热膨胀形成的孔隙会闭合，说明 150 ℃对岩石产生的孔隙膨胀变形是可逆的。当温度为 750 ℃时，ΔP 达到峰值，不同受热温度使岩石矿物颗粒膨胀并产生热裂隙，部分晶粒发生相变，该温度下岩石的这些变化是不可逆的，并且会在岩石内部形成新的孔隙，从而导致岩石孔隙度急剧增加。这充分证明了，在地热开采过程中，高温储层岩石遇水冷却后会提高岩体孔隙度，所以对高温岩体高压注水不仅可以促进裂隙扩展同样可以增加岩石的孔隙度，提高储层岩石热储集性能，当温度为 750 ℃时，遇水冷却过程对不同受热温度岩石孔隙度的增强作用最明显。

3.3.2 岩石孔隙类型演化

不同受热温度岩石遇水冷却过程能明显增加岩石的孔隙度，孔隙度是岩石孔隙结构的一种表征方法。不同热处理作用下，温度对花岗岩试样内部不同类型的孔隙影响不同。基于核磁共振的弛豫机制，不同的弛豫时间（T_2）对应不同大小的孔隙[126]。试样 T_2 分布曲线与孔隙尺寸有着密切的关系，T_2 值与孔径的关系可以用式（3-1）和式（3-2）表示[127]，T_2 峰的位置与孔径大小有关。T_2 分布曲线波形中的弛豫峰面积表示孔隙数量的大小，而波峰数量则反映岩石孔隙结构的连通性，波峰数量越多表示岩石连通性越好，间接反映了岩石试样的渗透性大小[128]。

$$\frac{1}{T_2} = p_2 \frac{S}{V} \tag{3-1}$$

$$r = cT_2 \tag{3-2}$$

式中，T_2 为弛豫时间，ms；S 为孔隙表面积，μm^2；V 为孔隙体积，μm^3；p_2 为弛豫强度（常数）；r 为孔径，μm；c 为孔径转换系数。

图 3-6 为不同热处理条件下的饱和花岗岩试样 T_2 分布曲线，从图中可以看出未经过热处理的花岗岩试样 T_2 值分布在 0~1000 ms 范围内，且含有两个不同峰值的谱峰，较低峰值的波峰对应的 T_2 范围为 0.22~2 ms，较高峰值的波峰对应的 T_2 范围为 2~1000 ms。根据 T_2 分布与孔隙尺寸之间的关系，本研究将孔隙分为微孔、中孔和大孔，相应的波峰分别对应在 0~2 ms、2~1000 ms 和 1000~10000 ms 的弛豫时间范围内。经过不同热处理的花岗岩试样 T_2 分布范围和波峰形态会随温度的升高发生相应改变，如图 3-6 所示。在图 3-6(a)、(b) 和 (c) 中，花岗岩试样的波峰形状类似，峰值随温度升高而增加。对于温度为 150 ℃的花岗岩试样，两种冷却方式作用下的曲线几乎重合，遇水冷却作用下弛豫波峰面积要略小于自然冷却作用下的弛豫波峰面积，表明当温度达到 150 ℃时，遇水冷却会导致花岗岩试样的孔隙数量减少。当温度为 300 ℃时，岩石微孔的孔径开始增大，较低峰值的波峰向较高峰值的波峰靠近，这说明部分微孔转化为中孔。在图 3-6(c) 中峰值 P_1 和 P_2 分别高于峰值 N_1 和 N_2，这说明与自然冷却的热冲击花岗岩相比，遇水冷却的岩石试样孔隙发生了变化，主要是微孔和中孔的数量明显

增加。对于温度为 450 ℃的花岗岩试样来说，微孔的孔径继续增大，而中孔的孔径却有所减小，孔径大小相对集中。在图 3-6（a）~（d）中，花岗岩试样内部均没有出现大孔，这表明当温度低于 450 ℃时，温度对花岗岩内部的微观孔隙结构影响很小。

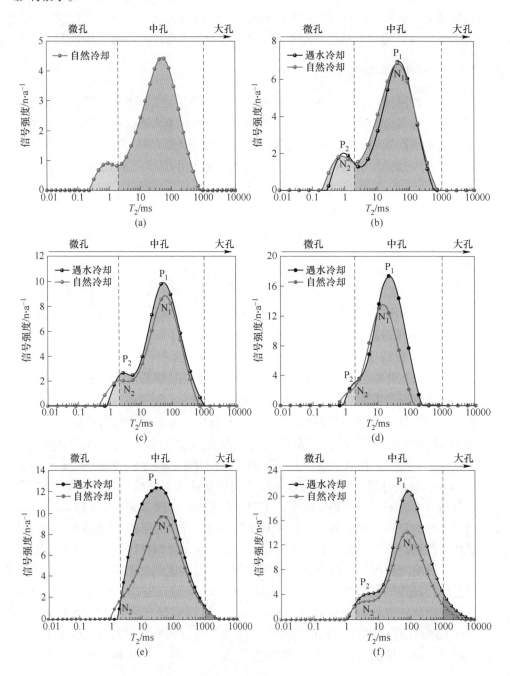

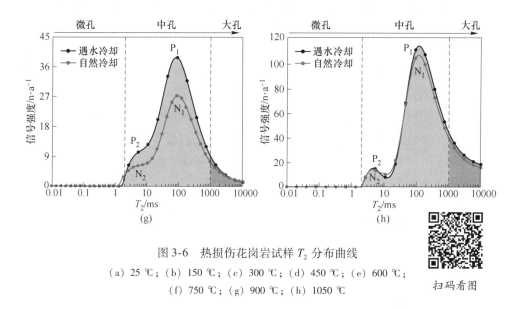

图3-6　热损伤花岗岩试样 T_2 分布曲线

(a) 25 ℃；(b) 150 ℃；(c) 300 ℃；(d) 450 ℃；(e) 600 ℃；

(f) 750 ℃；(g) 900 ℃；(h) 1050 ℃

扫码看图

在图3-6(e)~(h)中，花岗岩试样内部均存在大孔，而且大孔的孔径随温度升高而增加。温度由450 ℃升高到600 ℃时，花岗岩试样弛豫峰值降低且遇水冷却的岩石试样弛豫峰数量由2个变为1个，但是岩石孔径大小开始剧增，这是由于石英在573 ℃时发生相变导致颗粒体积增大所致。温度为750~1050 ℃的花岗岩试样均含有两个波峰，峰值随温度升高持续剧增，大孔孔径随温度升高而增大，小孔孔径几乎没有变化。对于温度为1050 ℃的花岗岩试样，峰值 P_1 高于峰值 N_1，但峰值 P_2 与 N_2 几乎相同，这表明在 T_2 分布范围内，遇水冷却的花岗岩试样相对于自然冷却的试样中孔数量有所增加，但微孔的数量几乎没有变化，如图3-6(h)所示。

3.3.3　岩石孔隙数量演化

为了定量研究温度对花岗岩孔隙结构的影响规律，借助 T_2 峰面积来表征孔隙数量的变化情况，评价遇水冷却过程中热冲击花岗岩微观孔隙结构的变化程度。图3-7为 T_2 峰面积随着温度升高的变化规律，从图中可以看出曲线主要分为三个阶段：第一阶段是25~450 ℃，T_2 峰面积随着温度升高而在同一水平上下浮动，整体变化很小；第二阶段是450~750 ℃，T_2 峰面积随着温度升高开始缓慢增加；第三阶段是750~1050 ℃，T_2 峰面积急剧增加，说明温度高于750 ℃以后，花岗岩孔隙数量呈爆发式增长。从图3-7(a)中可以看出整个 T_2 峰面积随温度的升高呈指数函数增加，通过对其数据拟合得到了两种冷却方式下的 T_2 峰面积与温度之间的数学模型，如图3-7(a)所示。从图3-7(b)中可以发现在同一温度下遇水冷却的花岗岩试样 T_2 峰面积普遍大于自然冷却的花岗岩试样 T_2 峰面积，这说明花岗岩在遇水冷却过程中产生的孔隙数量要多，进一步证明不同受热温度岩石在遇水冷却过程中对岩石微观结构造成的损伤效应，当热冲击花岗岩超过 750 ℃时，对孔隙结构造成的热损伤会急剧增加。

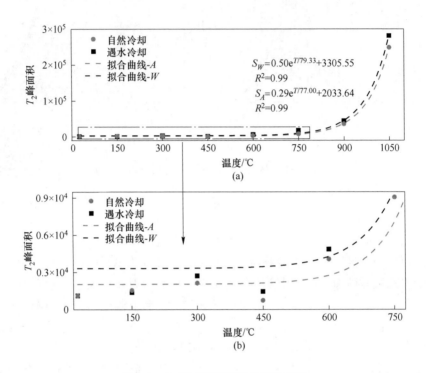

图 3-7　T_2 峰面积随温度的演化关系

　　热冲击花岗岩在遇水冷却过程中能够产生更多的孔隙，根据 T_2 弛豫时间可以将孔隙分为微孔、中孔和大孔，表 3-1 显示了不同温度花岗岩试样中不同类型孔隙的数量占比，从表中可以看出随着温度的升高，微孔、中孔和大孔各自所占比例的情况。温度由 25 ℃升高到 450 ℃时，花岗岩内部没有形成大孔，孔隙以中孔为主。温度达到 600 ℃时，花岗岩内部出现大孔，大孔数量占总孔隙数量的 14.51%。当温度由 600 ℃升高到 1050 ℃时，微孔和中孔所占比例逐渐减少，而大孔所占比例快速增加。为了更好地表达孔隙结构在地热开采过程中的作用，将孔隙中的微孔和中孔称为吸附孔[129]，将孔隙中的大孔称为渗透孔。微孔和中孔所占比例的减少、大孔所占比例的增加有利于循环水在地热储层中的运移，减少水分在岩石孔隙结构中的吸附效应。温度超过 450 ℃时，岩石孔隙数量明显增多，储层渗透性逐渐增强。

表 3-1　不同温度花岗岩试样中不同种类孔隙的数量占比

温度 /℃	比例/%		
	微孔	中孔	大孔
25	0.11	99.89	0.00
150	0.16	99.84	0.00
300	0.09	99.91	0.00
450	0.35	99.65	0.00
600	0.03	85.46	14.51
750	0.01	72.06	27.92
900	0.00	39.77	60.23
1050	0.00	25.20	74.80

3.4　热损伤花岗岩孔隙分形特征研究

地热储层遇水冷却后岩石孔隙结构发生显著变化，孔隙结构的变化会增加孔隙复杂程度，从而影响储层热储集性能。花岗岩在地热储层中作为一种具有分形特性的多孔介质[130]，其内部孔隙结构的毛管压力、孔隙半径和孔隙度均具有分形特征。因此，可以利用分形理论来探讨孔隙分形维数与孔隙结构参数之间的关系，用于表征热损伤花岗岩孔隙结构特征[131]。基于核磁共振试验结果，利用分形几何学基本原理提出基于孔隙半径的分形维数模型，对不同热处理花岗岩试样的分形维数进行计算，定量表征热损伤花岗岩孔隙结构的分布及变化特征，同时对不同温度岩石的分形维数进行比较，获得热损伤花岗岩的热储集性能。

3.4.1　分形理论的基本原理

分形理论作为一种十分活跃的新理论、新学科，起源于 1967 年的美国 *Science* 杂志，由著名数学家曼德博（Mandelbrot）首次提出。他把具有不规则性、复杂性事物的部分与整体之间具有相似的形体称为分形。1975 年，曼德博创立了分形几何学，形成了用以研究分形的科学理论，称为分形理论[132]。通过分形维数可以定量表征热损伤花岗岩孔隙结构的复杂程度，获取孔隙结构在不同热处理下的变化规律。

自然界中的分形理论现象可以用分形维数来表示：

$$D = \lim_{\varepsilon_i \to 0} \lg N(\varepsilon_i)/\lg \varepsilon_i \tag{3-3}$$

式中，D 为研究对象的分形维数；ε_i 为研究对象参量值；$N(\varepsilon_i)$ 为在该参量值下的度量值。

3.4.2 基于孔隙半径的分形维数模型

在花岗岩孔隙结构中，根据分形几何原理对孔隙半径的分形特征进行讨论，花岗岩试样孔隙半径大于 r 的孔隙数量定义为 N，将 N 与半径 r 之间的关系表示为[133,134]：

$$N(>r) = \int_r^{r_{max}} f(r)\,\mathrm{d}r = \alpha_r r^{-D} \tag{3-4}$$

式中，r_{max} 为最大孔隙半径；$f(r)$ 为孔径分布密度函数；α_r 为常数，比例系数。

将式（3-4）等号两边分别对半径 r 进行求导，结果可得孔径分布密度函数的表达式为：

$$f(r) = \frac{\mathrm{d}N(>r)}{\mathrm{d}r} = -D\alpha_r r^{-D-1} \tag{3-5}$$

假设孔隙为规则形状，则孔隙半径大于 r 的孔隙累积体积 $V(>r)$ 表达式为：

$$V(>r) = \int_r^{r_{max}} f(r)\beta_r r^3\,\mathrm{d}r \tag{3-6}$$

式中，β_r 为孔隙形状系数，常数（与孔隙形状有关，孔隙为立方体则 β 为 1，孔隙为球体则 β_r 为 $4\pi/3$）。

将式（3-5）代入式（3-6）中，并积分可得：

$$V = \frac{D\lambda_r}{3-D}(r_{max}^{3-D} - r^{3-D}) \tag{3-7}$$

式中，λ_r 为 $\alpha_r\beta_r$，常数（与孔隙形状有关）。

同理可得孔隙半径小于 r 的孔隙累积体积 $V(<r)$ 和总孔隙累积体积 V 的表达式为：

$$V(<r) = \frac{D\lambda_r}{3-D}(r^{3-D} - r_{min}^{3-D}) \tag{3-8}$$

$$V = \frac{D\lambda_r}{3-D}(r_{max}^{3-D} - r_{min}^{3-D}) \tag{3-9}$$

根据式（3-8）和式（3-9）可得到孔隙半径小于 r 的孔隙累积体积分数 φ_r 的表达式为：

$$\varphi_r = \frac{V(<r)}{V} = \frac{r^{3-D} - r_{min}^{3-D}}{r_{max}^{3-D} - r_{min}^{3-D}} \tag{3-10}$$

实际孔隙结构中，r_{min} 远小于 r_{max}，因此，式（3-10）可以简化为：

$$\varphi_r = \left(\frac{r}{r_{max}}\right)^{3-D} \tag{3-11}$$

将式（3-11）等号两边取对数得到孔隙半径的分形模型公式：

$$\lg(\varphi_r) = (3-D)\lg(r) + (D-3)\lg r_{max} \tag{3-12}$$

可将式（3-12）转化为：

$$y = m_r(x - b) \tag{3-13}$$

式中，y 为 $\lg(\varphi_r)$，由核磁共振试验获取；x 为 $\lg(r)$，由核磁共振试验获取；m_r 为 $3-D$；b 为 $\lg(r_{max})$。

则分形维数可以表示为：

$$D = 3 - m_r \tag{3-14}$$

式中，m_r 为 $\lg(\varphi_r)$ 与 $\lg(r)$ 曲线的拟合斜率。

3.4.3 地热储层热储集性能分析

在评估地热开采性能时，除了生产井输出的温度和流量之外，还应该充分考虑岩石孔隙结构复杂程度引起的储层非均质性，非均质性能够导致储层渗流阻抗水平急剧增加[135]，使得储层孔隙流体的流动活跃程度降低，从而影响地热开采的热储集性能，同时也会增加水力压裂难度。因此，岩石孔隙结构复杂程度是合理评价地热储层热储集性能的关键因素之一。观察热冲击花岗岩经过冷却作用后的孔隙结构变化，讨论基于热损伤花岗岩的孔隙半径讨论孔隙结构的分形特征，构建基于孔隙半径的分形维数模型，得到热冲击花岗岩不同大小孔隙的不规则性和复杂性，用于评估地热储层的热储集性能。

基于热损伤花岗岩核磁共振试验数据，利用孔隙半径分形维数模型对岩石试样孔径 r 的对数值与对应孔径累积孔隙体积分数 φ_r 的对数值进行线性拟合。分析曲线的斜率得到分形维数 D 随温度升高的变化情况，对比不同冷却方式下的分形维数 D 随温度的演化规律。图 3-8 和图 3-9 为不同热处理方式下岩石试样 $\lg(\varphi_r)$-$\lg(r)$ 的关系图，主要分为三段线性曲线，分别对应上文讨论的微孔、中孔和大孔部分。对图中热冲击花岗岩的 $\lg(\varphi)$-$\lg(r)$ 曲线进行分段线性拟合，通过线性拟合得到曲线斜率，进而根据式（3-14）计算得到岩石试样不同孔隙尺寸范围内的分形维数。利用分形维数对热冲击花岗岩经冷却后的不同孔隙结构进行定量表征，获取中孔孔隙、大孔孔隙分形维数随受热温度升高的变化趋势。

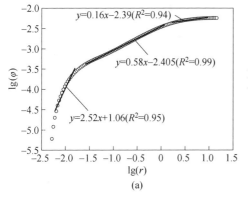

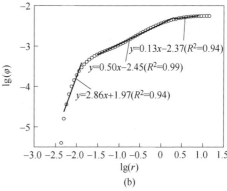

(a)　　　　　　　　　　　　(b)

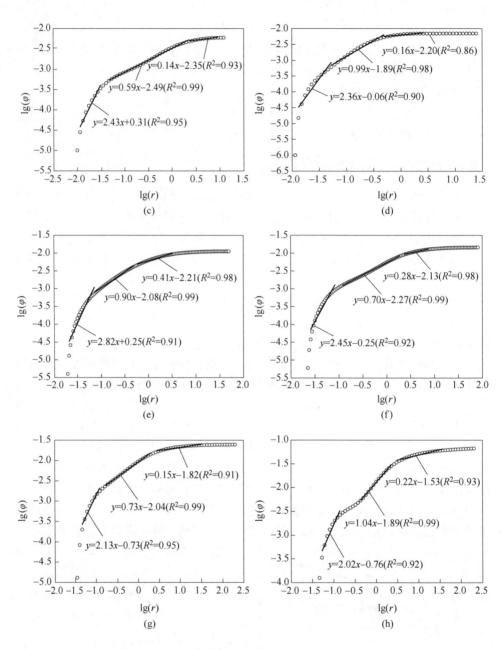

图 3-8　自然冷却花岗岩试样 $\lg(\varphi_r) - \lg(r)$ 拟合关系

（a）25；（b）A150；（c）A300；（d）A450；（e）A600；（f）A750；

（g）A900；（h）A1050

通过图 3-8 和图 3-9 的拟合结果可以得到每组岩石试样不同孔隙尺寸的分

形维数，由于花岗岩孔隙结构的分形维数一般是介于 2 和 3 之间[130,131]，所以本研究的热损伤花岗岩微孔孔隙不具有分形特征，中孔和大孔孔隙具有明显的分形特征，这说明热损伤岩石孔隙具有多重分形结构。为了探讨热损伤花岗岩孔隙结构的多重分形特征，分别用 D_{meso} 和 D_{macro} 表示中孔孔隙分形维数和大孔孔隙分形维数。不同热处理花岗岩试样的孔隙分形维数计算结果如表 3-2 所示。

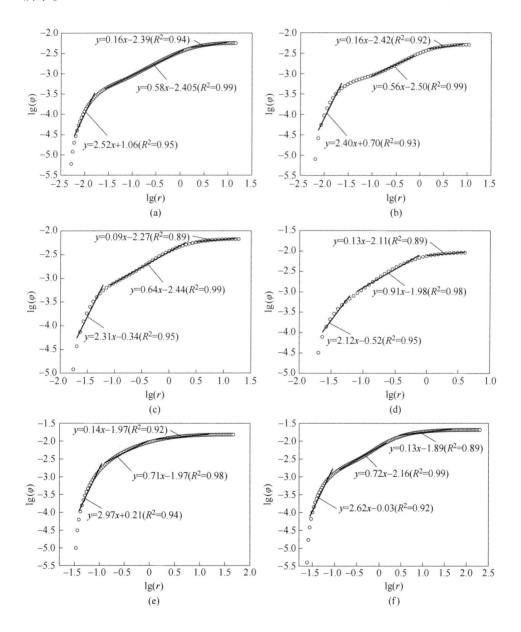

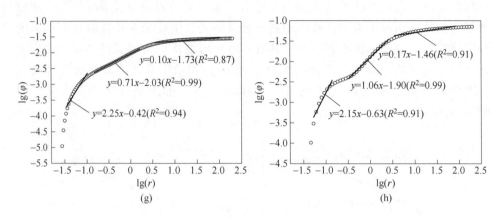

图 3-9　遇水冷却花岗岩试样 $\lg(\varphi_r) - \lg(r)$ 拟合关系

（a）25；（b）W150；（c）W300；（d）W450；（e）W600；（f）W750；（g）W900；（h）W1050

表 3-2　不同热处理花岗岩三种孔隙分形维数

温度/℃	自然冷却		遇水冷却	
	D_{meso}	D_{macro}	D_{meso}	D_{macro}
25	2.42	2.84	2.42	2.84
150	2.50	2.87	2.44	2.84
300	2.41	2.86	2.36	2.91
450	2.01	2.84	2.09	2.87
600	2.10	2.59	2.29	2.86
750	2.30	2.72	2.28	2.87
900	2.27	2.85	2.29	2.90
1050	2.06	2.78	2.04	2.83

　　由图 3-10 可以看出，D_{macro} 在自然冷却和遇水冷却作用下的分形维数都接近3，除了温度在 600 ℃以外，均在 2.8 以上，这说明大孔孔隙的结构比较复杂且具有非均质性。由于遇水冷却作用下的 D_{macro} 普遍大于自然冷却作用下的 D_{macro}，证明了遇水冷却能够增强大孔孔隙的复杂程度，使得岩石热储集性能更加劣化。D_{meso} 在自然冷却和遇水冷却作用下的分形维数介于 2.0 ~ 2.5 之间，分形维数越接近于 2，说明孔隙的均质性越强，主要表现为孔喉表面粗糙度较低。D_{macro} 几乎不随温度的升高而变化，而 D_{meso} 随着温度的升高主要表现为先降低后升高再降低，在温度为 450 ℃时存在最低值。这说明与大孔孔隙相比中孔孔隙的结构更易受温度的影响，温度的升高可以改变中孔孔隙的复杂程度。当热处理温度为450 ℃时，中孔孔隙的均质性最强，岩石的热储集性能最优。而对于自然冷却作

用下的 D_{macro} 来讲，当热处理温度为 600 ℃时，大孔孔隙的孔喉最光滑，岩石的热储集性能最优。通过分析中孔的 D_{meso} 变化曲线，发现冷却方式对曲线的影响没有明显的规律性，故认为冷却方式对中孔的分形结构影响较小。

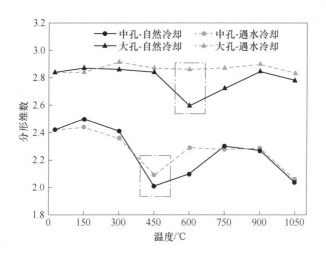

图 3-10　不同孔隙分形维数随温度的变化关系

3.5　本章小结

本章通过扫描电镜（SEM）、偏光显微镜（PM）和核磁共振（NMR）观察了不同热处理作用的花岗岩试样微观结构，揭示了热损伤岩石物理特性变化的机理，分析了岩石微裂隙和孔隙结构随着温度的变化规律，建立了孔隙分形维数模型，讨论了不同孔隙的热储集性能，得出以下结论：

（1）随着温度升高，花岗岩内部微裂隙形貌逐渐发生变化。温度为 150 ℃时，原生微裂纹闭合，促使孔隙度降低；温度为 300 ℃时，矿物颗粒边界处形成晶界微裂隙；温度为 450 ℃时，矿物颗粒受到周边颗粒挤压，颗粒内部形成平行状的晶内微裂隙；温度为 600 ℃时，石英发生相变导致微裂隙连通性、张开度迅速增加，出现贯穿多个晶胞的穿晶微裂隙；温度为 750～1050 ℃时，穿晶微裂隙张开度增大，晶界微裂隙和晶内微裂隙数量逐渐增多。

（2）温度低于 300 ℃时，孔隙度、孔径和孔隙数量几乎不发生变化。温度为 300～450 ℃时，孔隙度和孔径开始增大，而孔隙数量几乎不变；温度为 450～600 ℃时，孔隙度和孔径迅速增加，孔隙数量略有增加，温度为 600 ℃时岩石内部开始出现大孔；温度为 600～750 ℃时，孔隙度增加速率降低，大孔数量增多，微孔数量减少；温度为 750～1050 ℃时，孔隙度和大孔数量迅速增加。

（3）基于热损伤花岗岩孔隙半径建立孔隙分形维数模型，发现微孔孔隙不具有分形特征，中孔和大孔孔隙具有明显的分形特征。与大孔孔隙相比，中孔孔隙更容易受温度影响，且复杂程度随温度升高而增加。450 ℃条件下，岩石中孔孔隙的分形维数最小，热储集性能最优；600 ℃条件下，岩石大孔孔隙分形维数最小，热储集性能最优。

4 热损伤花岗岩拉压特性的温度效应及损伤机理研究

花岗岩作为岩浆岩中最常见的岩石，具有渗透性低、致密性好和强度高的特点，普遍存在于地下工程建设区域。工程岩体的稳定性与花岗岩本身强度、变形特性密切相关，明确不同赋存环境下岩石的拉压力学特性及破坏机理已成为研究深部地下工程的关键。高温岩体地热资源开发过程中，由于储层岩石的温度发生急剧变化，岩石本身会出现热破裂现象，热应力会驱使储层中的微裂纹发育、扩展并萌生新的微裂隙。研究热损伤花岗岩拉压特性及损伤破坏机理，对掌握储层岩石的力学特性和裂隙网络的构建具有理论价值和工程意义。

4.1 试验方案

本章主要对热处理后的花岗岩试样进行单轴压缩和巴西劈裂试验，对热损伤花岗岩单轴抗压特性和抗拉特性进行研究。基于单轴压缩试验，分析热损伤花岗岩应力-应变关系、强度和变形特性，建立岩石损伤本构模型。结合数字图像相关法，开展巴西劈裂试验，获取热损伤花岗岩巴西抗拉强度和裂隙起裂、扩展过程。

4.1.1 热损伤花岗岩单轴压缩试验设备与方案

采用长春新特试验机有限公司生产的 SAS-2000 型多场耦合岩体试验系统对花岗岩试样进行单轴压缩试验，如图 4-1 所示。压缩试验机最大轴向力为 2000 kN，具有应力、位移和变形三种控制方式，三轴压力室的最大围压为 60 MPa。根据试验设计对经过不同温度（25 ℃、150 ℃、300 ℃、450 ℃、600 ℃、750 ℃、900 ℃、1050 ℃）和不同换热方式（自然冷却、遇水冷却）处理的花岗岩试样进行单轴压缩试验，试验加载控制方式为位移控制，加载速率为 0.06 mm/min。通过试验结果，对比不同热处理花岗岩试样的应力-应变关系、强度变化、变形特性及破坏机理。

单轴压缩试验基本步骤为：

（1）首先调整试验机压头和待测花岗岩试样的距离，采用先快速靠近而后缓慢靠近的方式，尽可能保证减小两者之间的空隙。

图 4-1   岩石单轴压缩试验测试系统

(a) 压力系统；(b) 变形监测系统；(c) 控制系统

(2) 控制方式设置为应力控制，目标值为 1 MPa，对岩石试样进行预加载，使得压头与岩石试样完全接触。

(3) 以位移控制的方式对岩石试样施加轴向压力，加载速率设定为 0.06 mm/min，直到岩石试样破坏后停止加载。

4.1.2   热损伤花岗岩巴西劈裂试验设备与方案

巴西劈裂试验使用的是国机集团长春机械科学研究院有限公司（CRIMS）生产的 DNS100 型电子试验机，如图 4-2(a) 所示，最大试验力为 100 kN，精度为 ±0.5%。如图 4-2(b) 所示，将圆盘岩石试样放置在夹具座中，用刀刃对其施加荷载。根据 ISRM 推荐的方法[136]，以 1 mm/min 的恒定加载速率对试样进行径向压缩直至破坏，记录加载过程中的轴向力和轴向位移。根据弹性理论，在压缩条件下圆盘中心处的拉应力表达式为：

$$\sigma_{\mathrm{t}} = \frac{2p}{\pi D_R h} = \frac{0.636p}{D_R h} \tag{4-1}$$

式中，σ_t 为拉应力，MPa；p 为轴向力，N；D_R 为岩石试样直径，mm；h 为岩石试样厚度，mm。

在巴西劈裂试验过程中，使用 XTDIC 三维应变测量系统对劈裂过程进行监测，监测系统采用两个高精度摄像机实时采集物体各形变阶段的散斑图像，利用数字图像相关算法实现物体表面变形点的匹配，根据各点的视差数据，重建计算点的坐标。通过比较每一变形状态测量区内各点的坐标变化，进一步计算得到物面的应变场。如图 4-2 所示，系统主要包括：采集系统（2 个相机、2 个镜头、光源）；支撑系统（三脚架、云台）；控制系统（控制箱、高性能计算机、XTDIC 软件）。

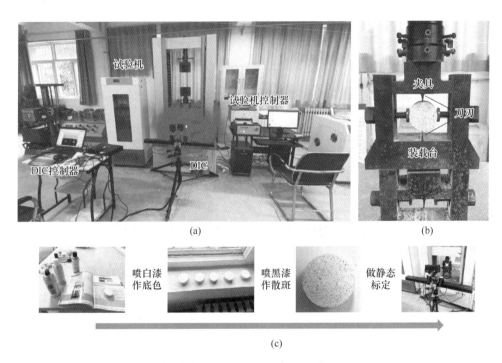

(a)

(b)

(c)

图 4-2 岩石拉伸试验系统

（a）试验整体系统；（b）岩石夹具；（c）试验准备流程

数字图像相关法（digital image correlation，DIC）是匹配被测物体表面图像对应点的方法[137]。通过采集物体表面散斑（天然或者人工制作）图像的相关变化，根据时序匹配前后图像，利用散斑点的变化获取位移和变形[138,139]。如图 4-3 所示，将物体变形前的散斑图作为参考图像，将变形后的散斑图与之匹配，匹配成功后得到变形图像。在参考图像中圈定一定边长的正方形区域作为基准区域，假设基准区域任意两点的坐标为 $M(x_0, y_0)$ 和 $N(x_i, y_i)$，相对应的区域为目标区域，变形后的点坐标为 $M'(x'_0, y'_0)$ 和 $N'(x'_i, y'_i)$。通过一定的搜索方法，并按照相关函数进行计算，得到区域中点的位移和应变[140]。

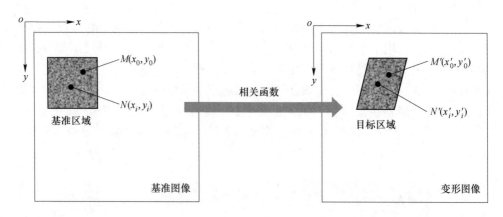

图 4-3　DIC 测量原理示意图

在使用 XTDIC 系统测量之前，需要对巴西圆盘进行散斑喷涂。喷涂散斑是为了获得高对比度的灰度分布图像，散斑质量的好坏对试验结果影响很大。如图 4-2(c)所示，首先清洁岩石试样表面，使其表面没有附着物。然后均匀喷涂白热哑光漆作为基料层，最后随机喷洒黑色哑光漆，每次喷漆完成之后静置 20 min 使基料层和散斑风干。

4.2　温度变化对花岗岩抗压特性的影响

对于发生温度变化的岩体工程，温度是影响围岩力学性质的重要因素。本节通过对不同热处理作用下的花岗岩进行单轴抗压强度测试，得到不同热处理作用后的花岗岩应力-应变关系、峰值强度和变形特征，基本力学参数试验结果如表 4-1 所示。

表 4-1　不同热处理花岗岩基本力学参数试验结果

温度 /℃	自然冷却				遇水冷却			
	峰值强度 /MPa	峰值应变 /%	弹性模量 /GPa	泊松比	峰值强度 /MPa	峰值应变 /%	弹性模量 /GPa	泊松比
25	216.44	0.48	52.97	0.12	216.44	0.48	52.97	0.12
150	227.07	0.50	56.62	0.125	212.93	0.51	47.89	0.14
300	216.45	0.61	46.67	0.15	185.79	0.62	40.31	0.15
450	194.62	0.68	42.27	0.17	147.39	0.82	33.89	0.18
600	120.28	1.13	23.30	0.31	67.80	1.15	12.29	0.325

续表4-1

温度 /℃	自然冷却				遇水冷却			
	峰值强度 /MPa	峰值应变 /%	弹性模量 /GPa	泊松比	峰值强度 /MPa	峰值应变 /%	弹性模量 /GPa	泊松比
750	86.37	1.14	17.80	0.36	56.37	1.15	9.83	0.425
900	53.89	1.15	10.25	0.43	31.49	1.17	4.85	0.46
1050	18.35	1.18	2.51	0.48	11.88	1.22	1.86	0.49

4.2.1 热损伤花岗岩应力-应变关系变化规律

图4-4展示了不同温度和冷却方式的花岗岩试样应力-应变关系曲线。从图中可以看出，温度和冷却方式对岩石试样应力-应变关系有着显著影响。根据前文研究可知，石英颗粒在450~600℃之间的相态变化（三方晶系变为六方晶系）是导致该温度段岩石物理力学显著变化的主要原因，故引入相变线对两部分应力-应变曲线进行划分。由图4-4可知，在相变线以上（25~450℃）的应力-应变曲线表现出明显的弹性特征[141,142]；在相变线以下（450~600℃）的应力-应变曲线表现为弹塑性特征，石英的相变改变了岩石力学性质，增加了岩石微裂隙数量。

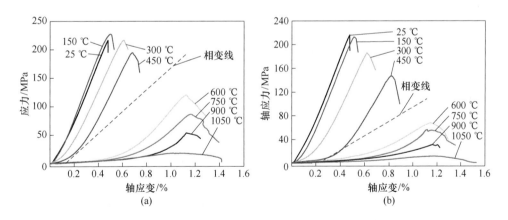

图4-4 不同热处理花岗岩试样应力-应变曲线
（a）自然冷却；（b）遇水冷却

随着温度的升高，花岗岩试样初始变形阶段的应力-应变曲线斜率逐渐降低（即加载过程中试样的微裂纹压密阶段越来越明显）。这说明热处理后的花岗岩试样内部存在较多的微裂隙，这些微裂隙在轴向荷载的作用下会被压实，进而产生闭合。由于微裂纹压密变形是不可逆的，所以花岗岩试样的应力-应变曲线表现出非线性变形，形状呈上凹型[143,144]。在微裂纹闭合之后，岩石试样进入弹性变形阶段，表现为应力-应变曲线的线性部分。在此阶段，试样内部闭合裂纹之间的接触面存在摩擦力，限制微裂纹面的相对滑移运动，所以弹性变形阶段的变形具有一定的可逆性[145]。随着轴向荷载的不断增加，花岗岩的应力-应变曲线开始偏离线性部分，这标志着花岗岩试样进入非稳定破裂阶段（屈服阶段）。屈服阶段的结束，标志着花岗岩试样达到峰值强度。随后进入峰后阶段，从图中可以看出，随着轴向荷载的增加，温度越高峰后变形越缓慢，表明高温能够强化岩石的延性特征，弱化其脆性特征。

4.2.2　热损伤花岗岩强度分析

热处理过程中花岗岩试样内部会发生一系列的物理化学变化，导致岩石试样强度的改变。岩石强度的变化除了和温度有关外，还受到冷却方式[3,146]、升温速率[34,147]和加载方式[148]等因素的影响。本研究主要针对温度和冷却方式对热损伤花岗岩强度特性的影响进行讨论。

岩石是由不同矿物成分组成的非均质组合体，不同矿物颗粒在温度作用下热膨胀系数各不相同，所以岩石试样在不同热处理后矿物颗粒会发生不协调变形。然而，岩石试样作为一个整体，为了保持其变形的连续性，矿物颗粒不可能按照各自固有的膨胀系数随温度变化而自由变形，其变形会受到周边颗粒的影响，变形大的会受到挤压，变形小的则会被拉伸。因此，在岩石试样内部会形成一种结构应力，即热应力。热应力一般作用在矿物颗粒的边界，当热应力超过颗粒的强度极限时，矿物颗粒之间的约束会被断开，并且在颗粒边界形成微裂隙，导致岩石强度降低；当热应力小于岩石强度极限时，矿物颗粒的膨胀会填充岩石试样内部原生微裂纹，反而会提高岩石的强度。

由表4-1可以得到不同温度花岗岩试样在自然冷却、遇水冷却作用下的峰值强度数据。图4-5展示了花岗岩试样在两种冷却方式下的峰值强度随温度变化的曲线。在室温($T = 25\ ℃$)条件下，花岗岩试样的峰值强度为216.44 MPa。当温度为150 ℃时，花岗岩试样峰值强度在自然冷却作用下达到最大值227.07 MPa；然而遇水冷却作用下，花岗岩试样峰值强度要低于室温状态下的岩石试样峰值强度。这说明自然冷却的岩石试样仅在加热阶段受到热损伤的影响，缓慢冷却过程几乎不影响岩石强度；而遇水冷却的岩石试样不仅在加热阶段受到热损伤作用，还会在冷却过程中受到二次损伤。当温度由150 ℃升高到1050 ℃时，花岗岩试样的峰值强度开始随着温度的升高而下降。温度为300 ℃时，虽然两种冷却方式作用下的花岗岩试样峰值强度都在降低，但是自然冷却作用的花岗岩试样峰值强度高于室温条件的花岗岩试样峰值强度（216.45 MPa）；而遇水冷却的花岗岩试样峰值强度要低于室温条件的花岗岩试样峰值强度（185.79 MPa），这说明遇水冷却对花岗岩试样峰值强度的劣化能力更强。温度由 300 ℃ 升高到 1050 ℃ 时，两种冷却方式的花岗岩试样峰值强度变化趋势类似。随着温度升高，岩石试样峰值强度逐渐降低，尤其在 450 ~ 600 ℃ 之间变化最为明显。当温度为 1050 ℃ 时，岩石试样峰值强度分别降低了 92% 和 95%。

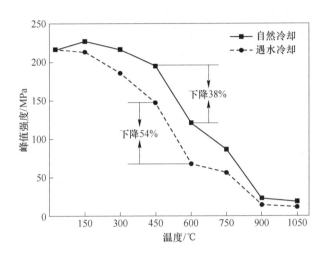

图 4-5　不同热处理花岗岩试样峰值强度的变化特征

由图 4-5 可以看出，温度为 150 ℃ 时，热应力小于岩石强度极限，矿物颗粒产生的膨胀变形填充了岩石试样原生微裂纹，所以自然冷却的岩石峰值强度略有增加。然而，受热温度为 150 ℃ 的花岗岩试样在遇水冷却后，岩石峰值强度要低于室温条件下的峰值强度，这是因为遇水冷却会使岩石迅速产生拉应力，导致矿物颗粒之间的弱约束消失，产生拉伸微裂隙。在 300 ℃ 之前，花岗岩试样的峰值强度变化较小，在这个过程中岩石试样内部主要发生物理变化，即自由水和结合水的蒸发逸出不会对岩石微结构中的矿物成分造成损伤。当温度超过 300 ℃ 后，岩石内部的结合水蒸发逸出，且云母在 400 ℃ 时会由准稳态转变为稳定态，低价的 Fe^{2+} 和 Mg^{2+} 离子会被氧化，从而导致热损伤花岗岩表面颜色由灰白色变为黄褐色。另外，石英在 573 ℃ 时由三方晶系的 α 态转变为六方晶系的 β 态，体积大幅增加，不平衡力对周围晶粒产生挤压形成较多的微裂隙。微裂隙的发育对岩石试样的峰值强度有很大的影响，这直接导致岩石试样峰值强度在 450 ~ 600 ℃ 之间存在明显的下降过程，如图 4-4 所示。在图 4-4 中，基于石英相变对岩石强度的显著影响，引入相变线将不同温度岩石试样的应力-应变曲线分为了两部分。温度为 600 ~ 800 ℃ 时，花岗岩试样内部金属键 K—O 或 Na—O 等断裂，导致大量微裂隙的形成，增加了微裂隙的密度，造成花岗岩脆性降低、延性增强[115]。温度达到 870 ℃ 时，β 态高温石英转变为 β 态鳞石英，石英颗粒的体积再次增大

16%，当温度达到900 ℃时，方解石分解为氧化钙和钾镁矾[117]，导致花岗岩试样强度再次劣化。

　　岩石峰值强度是岩石工程稳定性评价的基本参数之一。对于热损伤花岗岩的单轴压缩试验来讲，峰值强度主要受温度和冷却方式的影响，同时也受到加载条件的影响，而岩石裂隙起裂应力和裂隙损伤应力受加载条件的影响较小[149]。为了有效预测和评估地热开采过程中储层岩石力学性能，本研究继续讨论热损伤岩石在压缩过程中裂隙起裂应力和裂隙损伤应力的变化情况。

　　（1）热损伤花岗岩的裂隙起裂应力和裂隙损伤应力确定方法。以试样编号"25"的岩石试样应力-应变曲线为例，在图4-6中 σ_{cc}、σ_{ci} 和 σ_{cd} 分别代表岩石的闭合应力、起裂应力和损伤应力。随着轴向应力的加载，岩石试样的变形主要分为五个阶段：Ⅰ裂隙闭合阶段、Ⅱ线弹性阶段、Ⅲ裂隙稳定扩展阶段、Ⅳ裂隙不稳定扩展阶段和Ⅴ岩石试样破坏阶段，如图4-6所示。通常岩石的单轴抗压强度用峰值强度 σ_c 表示，岩石的变形特性用弹性模量 E 和泊松比 μ 表示。弹性模量 E 通过应力-应变曲线近似直线部分的割线平均斜率计算得到，直线部分一般在Ⅱ线弹性阶段内。泊松比 μ 为弹性阶段内直线部分起点与终点对应的径向和轴向应变差的比值。裂隙闭合应力 σ_{cc} 为岩石内部原生裂隙的闭合应力，该应力代表轴向应力-应变曲线的Ⅰ裂隙闭合阶段的结束，曲线由初始上凹阶段转变为直线段。通过反向延长Ⅱ线弹性阶段的直线部分，最开始偏离直线段的应力点为 σ_{cc} 点。起裂应力 σ_{ci} 为岩石裂隙稳定增长的起点，标志着岩石试样进入Ⅲ裂隙稳定扩展阶段。对于 σ_{ci} 的确定方法目前仍未达成共识，比较常见的方法有体积应变法[150]、微裂隙体积应变法[151]、径向应变法[152]、声发射法[153]和径向应变响应法[154]。本文所要研究的对象是经过热处理的花岗岩试样，岩石试样内部在受到

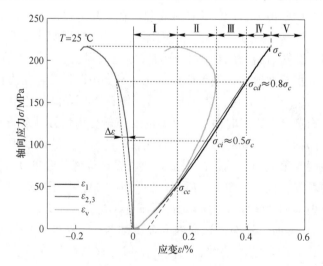

扫码看图

图4-6　热损伤花岗岩单轴压缩应力-应变曲线及特征应力

应力加载前，已经形成众多微裂隙，而体积应变法和裂隙体积应变法都不适用于含有高密度裂隙的岩石试样[151,153]，并且这两种方法的主观性较强。使用声发射法对门槛值的设置要求较高，裂隙起始阶段中不明显的声发射活动很难区分是背景噪声还是裂隙起裂造成的声发射事件[154]。

本书采用的是 Nicksiar 和 Martin 提出的径向应变响应法[154]，该方法与Diederichs[155] 和 Stacey[156] 提出的径向应变法相似。径向应变响应法是通过比较荷载响应与线性参考线（从加载起始点到损伤应力）之间的差异，将最大差值所对应的应力确定为裂隙起裂应力，如图 4-7 所示，横坐标径向应变差为图 4-6 中径向应变与参考线之间的应变差值。该方法使用之前需要先确定裂隙损伤应力 σ_{cd}，裂隙损伤应力为体应变发生拐点位置对应的轴向应力，如图 4-6 所示，损伤应力 σ_{cd} 标志着岩石进入Ⅳ裂隙不稳定发展阶段，岩石的体积应变由压缩变形转变为膨胀变形[157]。当应力由 σ_{cd} 升高到 σ_c 时，岩石开始进入Ⅳ破坏阶段，形成贯通的宏观裂隙和较大的体积变形。本书利用上述岩石裂隙起裂应力和损伤应力的确定方法，确定了不同热处理作用下花岗岩试样的特征应力，如图 4-8 所示。

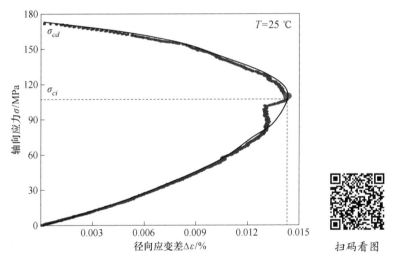

图 4-7　径向应变响应法

（2）热处理对花岗岩裂隙起裂应力和裂隙损伤应力的影响。图 4-9 为热损伤花岗岩裂隙起裂应力和裂隙损伤应力随温度升高的变化情况，表明了在不同温度和冷却条件下裂隙起裂应力和裂隙损伤应力的变化规律。由图可以得到，裂隙起裂应力 σ_{ci} 和裂隙损伤应力 σ_{cd} 随着温度的升高而减小。在自然冷却状态下，裂隙起裂应力随温度变化的线性拟合方程为：

$$\sigma_{ci} = 0.57\sigma_c^{T=25℃} - 119.55\mathrm{e}^{-3}T \tag{4-2}$$

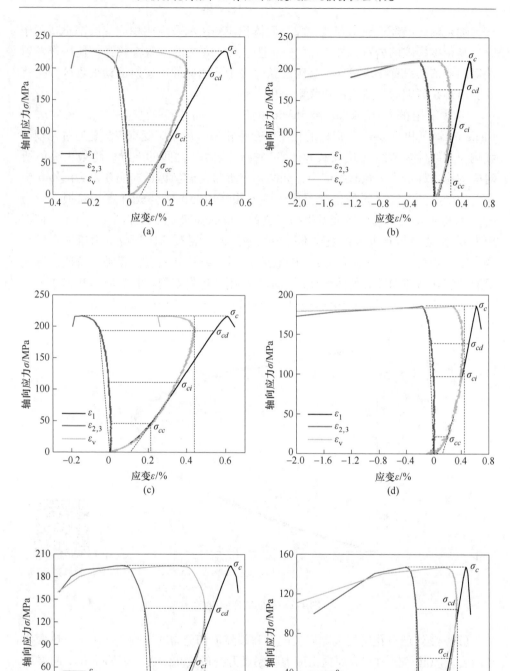

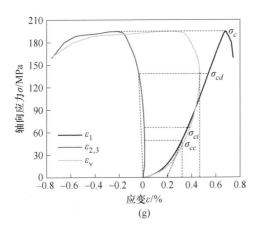

(g)

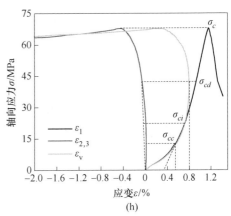

(h)

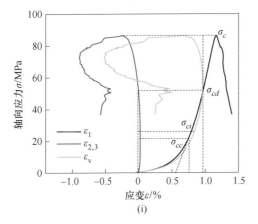

(i)

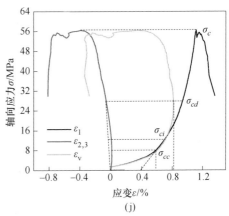

(j)

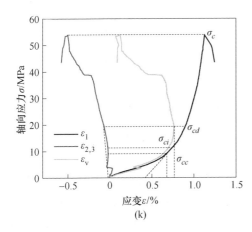

(k)

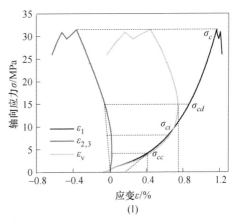

(l)

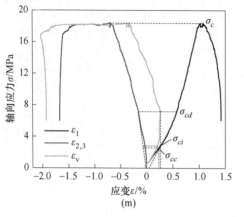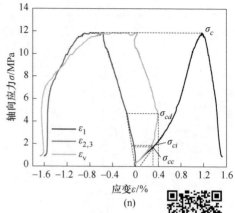

图 4-8　不同热处理花岗岩试样应力-应变曲线及特征应力

（a）150 ℃自然冷却；（b）150 ℃遇水冷却；（c）300 ℃自然冷却；
（d）300 ℃遇水冷却；（e）450 ℃自然冷却；（f）450 ℃遇水冷却；
（g）600 ℃自然冷却；（h）600 ℃遇水冷却；（i）750 ℃自然冷却；
（j）750 ℃遇水冷却；（k）900 ℃自然冷却；（l）900 ℃遇水冷却；
（m）1050 ℃自然冷却；（n）1050 ℃遇水冷却

扫码看图

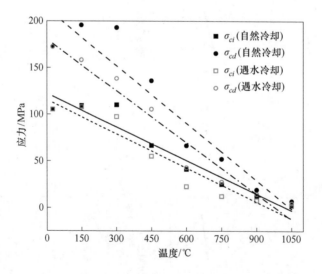

图 4-9　热处理对裂隙起裂应力和裂隙损伤应力的影响

而遇水冷却状态下，裂隙起裂应力随温度变化的线性拟合方程为：

$$\sigma_{ci} = 0.53\sigma_c^{T=25℃} - 121.66\mathrm{e}^{-3}T \tag{4-3}$$

式（4-2）和式（4-3）表明了不同温度下花岗岩试样裂隙起裂应力基本是在原始岩石试样（未经过热处理）应力基础上呈线性衰减。而主要区别在于前者表现的衰减曲线呈现出更为平缓的趋势，表明裂隙初始应力的变化在自然冷却条件下不够敏感。温度为 150~300 ℃时，温度的变化对 σ_{ci} 的影响很小，且都在拟合曲线之上。然而，随着温度升高，σ_{ci} 对温度的依赖性增强，这主要是因为热应力开始对微裂隙产生影响，直观体现在岩石试样的峰值应力上。温度为 150 ℃时，σ_c 分别为 227.07 MPa 和 212.93 MPa，略高于或者接近原始试样的 σ_c；而当温度增加至 600 ℃时，σ_c 分别为 120.28 MPa 和 67.80 MPa，远小于原始试样的 σ_c。

高温岩石进行地热资源开采时，首先采用水压致裂的方法在高温岩石内部建立裂隙网络，然后以循环水为介质与高温岩石进行热量交换。水压致裂对岩石的破坏一般表现为劈裂破坏，Martin C D 等人[158]认为，工程岩体的劈裂应力可以用室内单轴压缩试验中获取的岩石裂隙起裂应力作为下限值来表达。在水压致裂过程中，裂隙尖端附近不断受到水压的加载，同时岩石的热量也不断被传递到高压水中，说明这部分的岩石一直在与水进行冷却过程。冷却后产生了热损伤效应，根据式（4-2）计算岩石裂隙起裂应力就会存在误差，结果会偏大于实际值。为了准确预测地热开采中储层岩石的裂隙起裂应力，合理设计水力压裂工艺，有效控制裂隙网络范围，提出基于式（4-3）的岩石裂隙起裂应力准则。需要说明的是，该准则在温度为 150~300 ℃时是偏低的，所以该准则能作为水压致裂时裂隙起裂应力的下限。

与裂隙起裂应力 σ_{ci} 相比，裂隙损伤应力 σ_{cd} 对温度的变化较为敏感，随着温度的升高呈明显的降低趋势。与裂隙起裂应力 σ_{ci} 相似，在自然冷却、遇水冷却状态下的裂隙损伤应力 σ_{cd} 拟合方程分别用式（4-4）和式（4-5）表示：

$$\sigma_{cd} = 0.95\sigma_c^{T=25℃} - 195.44e^{-3}T \tag{4-4}$$

$$\sigma_{cd} = 0.83\sigma_c^{T=25℃} - 184.15e^{-3}T \tag{4-5}$$

同遇水冷却状态的岩石试样相比，岩石裂隙损伤应力拟合曲线在自然冷却状态下的斜率相对较高，对温度变化更加敏感，但是试验结果表明，在遇水冷却条件下，岩石裂隙损伤应力仍处于低位。这是由于不同受热温度岩石在遇水冷却后易形成劈裂破坏，当轴向荷载达到并超过裂隙初始应力时，产生平行于岩石轴向的张拉裂隙。随着轴向应力继续加载，平行于最大压缩应力方向的张拉裂隙发生膨胀，并阻止微裂隙面上正应力的传递，削弱了岩石的摩擦应力，促进微裂隙发育并贯通，所以裂隙损伤应力较低。然而，在自然冷却状态下，加载之前的岩石损伤主要由热应力控制，不易预先形成劈裂破坏，故其摩擦强度没有被破坏。裂隙的扩展需要更高的应力才能完成，致使裂隙损伤应力明显高于其在遇水冷却状态下的应力值[159]。

4.2.3 热损伤花岗岩变形特性分析

岩石的变形特征通常可以用应力-应变曲线中提取的弹性模量、变形模量和泊松比等指标来表示。本书主要对不同热处理花岗岩试样的弹性模量和泊松比的变化特征进行讨论。岩石的弹性模量是表示岩石弹性特征的参数，岩石加热后弹性模量的变化可以直观反映岩石内部由于温度变化而产生的热应力及热破裂现象。泊松比是表征岩石试样变形的基本力学参数，不同种类岩石的泊松比具有特定的取值范围，常温条件下花岗岩的泊松比在 0.2～0.3 之间。目前，由于测试岩石泊松比所采用的加载设备、控制方式以及岩石试样本身的差异性，导致泊松比随温度变化的规律并不统一。通过阅读文献发现，泊松比的变化规律主要有三种：一是泊松比与温度无关[160]；二是随着温度的升高而增加[161]；三是随着温度升高而减小[8]。

图 4-10 为热损伤花岗岩试样弹性模量随温度升高的变化曲线。随着温度的升高（25～1050 ℃），花岗岩试样弹性模量逐渐降低，从图中可以看出自然冷却、遇水冷却作用后的岩石试样弹性模量变化趋势大致相同，但是后者的弹性模量要低于前者的弹性模量。这说明遇水冷却的花岗岩试样弹性模量对温度升高更加敏感，即岩石的抗变形能力下降，导致花岗岩的热损伤程度增强。温度为25～150 ℃时，自然冷却岩石试样的弹性模量有所上升；而遇水冷却岩石试样的弹性模量则缓慢降低。这可能是由于岩石试样内部的矿物颗粒膨胀填充原有微裂纹，使颗粒之间摩擦力增大，并且颗粒分布更加密实，从而增加了岩石试样的弹性模量。但是不同受热温度岩石经过遇水冷却作用后会消除部分热残余变形，导致弹性模量几乎不发生变化甚至略有降低。无论是自然冷却还是遇水冷却的花岗岩试样，温度为 450～600 ℃时，岩石弹性模量降幅最大，分别由 42.27 GPa 和33.88 GPa 降到 23.30 GPa 和 12.30 GPa，因此，认为 450～600 ℃之间存在花岗岩试样弹性模量的阈值温度。当温度为 600 ℃的花岗岩试样经过两种冷却方式降温后，其弹性模量与常温相比分别降低了 56% 和 77%，岩石试样发生了较大程度的软化。温度为 600～1050 ℃时，由于岩石已经由弹塑性转变为塑性，岩石试样弹性模量随着温度升高缓慢降低。

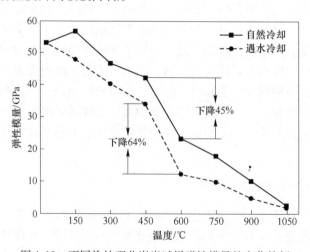

图 4-10　不同热处理花岗岩试样弹性模量的变化特征

由图 4-11 可知，经过不同热处理的花岗岩泊松比在 0.24 ~ 1.12 之间，随着温度的升高泊松比在 25 ~ 450 ℃ 之间缓慢增加，而在 450 ~ 1050 ℃ 之间快速增加，遇水冷却作用的热冲击花岗岩试样泊松比要高于自然冷却作用的热冲击花岗岩试样泊松比。这表明：温度变化对热损伤花岗岩泊松比有显著影响，因为热损伤花岗岩表面矿物颗粒相对于内部颗粒劣化程度更加严重，在轴向力的作用下更容易向临空面发生变形，所以单轴压缩试验中径向变形比轴向变形更加明显，这一现象同样解释了泊松比在不同温度段的变形趋势。同自然冷却相比，遇水冷却可以对花岗岩试样表面造成更大的损伤，导致岩石试样的泊松比更大。无论是自然冷却还是遇水冷却，25 ~ 450 ℃ 之间的花岗岩泊松比受温度影响较小，整体小于 0.5，这符合岩石弹性变形范围。而花岗岩温度超过 450℃，岩石试样泊松比会大于 0.5，这已经超出岩石变形认知范围，不符合泊松比定义，本书认为该阶段的泊松比仅具有数学意义。

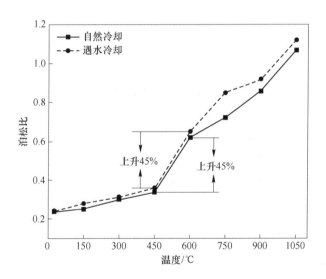

图 4-11 不同热处理花岗岩试样泊松比的变化特征

从图 4-12 可以看出不同热处理花岗岩试样峰值应变随温度升高的变化特征。两种冷却方式作用下的花岗岩试样随温度升高的变化趋势基本相似，温度为 25 ~ 450 ℃ 时，花岗岩试样峰值应变缓慢升高；而在 450 ~ 600 ℃ 之间，花岗岩试样峰值应变快速升高；当温度超过 600 ℃ 时，花岗岩试样峰值应变变化不大，且遇水冷却作用的岩石试样峰值应变要略高于自然冷却作用的岩石试样峰值应变。由图 4-12 可知，温度变化能够影响岩石试样的峰值应变，温度升高能够在一定程度上提高岩石试样的延性特征，这种现象在 450 ~ 600 ℃ 温度段更加明显，并且在同等温度条件下遇水冷却过程更具有提高岩石试样延性特征的能力。

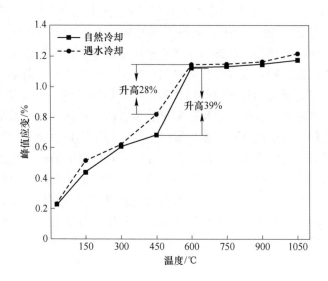

图 4-12　不同热处理花岗岩试样峰值应变的变化特征

4.3　热损伤花岗岩本构模型研究

地热资源的开采受到储层赋存环境的影响，随着赋存深度的增加，储层温度不断升高。储层岩石在不同温度作用下，内部所产生的热应力不同，热应力超过岩石矿物颗粒胶结强度时会产生大量的微裂隙。微裂隙的密度、张开度和扩展程度会随着温度的升高而增加，从而导致岩石试样的弹性模量明显降低。由前文讨论可知，遇水冷却的花岗岩试样受到的热损伤要比自然冷却的花岗岩试样更明显。为了简化研究，对储层岩石做出以下假设：

（1）实时高温和高温后自然冷却岩石的损伤程度相同，自然冷却的岩石试样力学性质等同于不同受热温度岩石冷却之前的储层岩石力学性质。

（2）花岗岩试样遇水冷却过程表示高温储层与循环水的冷却，假设遇水冷却的岩石试样力学性质等同于经过地热开采的地热储层岩石力学性质。

（3）原始高温储层岩石温度不发生变化，定义热损伤为零。经过地热开采后的储层岩石温度发生变化，则岩石存在热损伤。

4.3.1　热损伤因子特征分析

地热开采过程中，借助遇水冷却的花岗岩试样力学试验结果来讨论储层岩石的热损伤问题。基于 Lemaitre 应变等效原理可知，名义应力作用在有损伤岩石的应变等效于有效应力作用在几何尺寸相同的无损伤岩石的应变，如图 4-13 所示。

利用岩石弹性模量演化来表征岩石损伤程度，通过式（4-6）和式（4-7）可以得到式（4-8）。

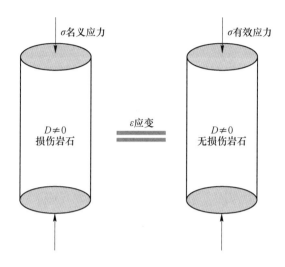

图 4-13　Lemaitre 应变等效原理示意图

$$\varepsilon = \frac{\sigma_{\text{有效应力}}}{E_0} = \frac{\sigma_{\text{名义应力}}}{E_0(1-D)} = \frac{\sigma_{\text{名义应力}}}{E_T} \tag{4-6}$$

$$E_T = E_0(1-D) \tag{4-7}$$

$$D(T) = 1 - \frac{E_T}{E_0} \tag{4-8}$$

式中，E_0 为无损伤岩石的弹性模量；E_T 为热损伤岩石的弹性模量；$D(T)$ 为热损伤因子。

由文献［162，163］可知，弹性模量为温度的函数，如图 4-10 所示，可以用于定义热损伤花岗岩的损伤参数，将储层热损伤因子 $D'(T)$ 与弹性模量 E 的关系表示为：

$$D'(T) = 1 - \frac{E_{T\text{-}W}}{E_{T\text{-}A}} \tag{4-9}$$

$$E_{T\text{-}W} = E_{T\text{-}A}[1 - D(T)] \tag{4-10}$$

式中，$E_{T\text{-}W}$ 为遇水冷却岩石弹性模量；$E_{T\text{-}A}$ 为自然冷却岩石弹性模量。

通过公式（4-9）可以计算不同温度下的储层岩石在地热开采后的损伤情况，如图 4-14 所示。

由图 4-14 可得，地热开采过程，储层热损伤因子随着温度升高的变化情况。温度 300~750 ℃之间存在损伤因子的峰值，损伤因子由 0.13 增大到 0.47，温度为 600 ℃时，地热开采对储层岩石的损伤程度最大。这主要是由于本试验的岩石

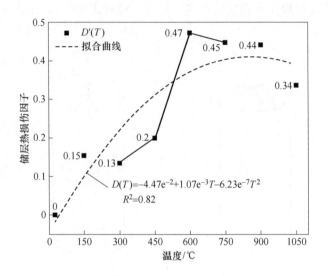

图 4-14　岩石热损伤因子随温度的变化特征

试样内部存在接近半数的石英矿物颗粒，石英颗粒相变引起体积迅速膨胀增大。颗粒之间的膨胀引起相互挤压或相互拉伸的热应力，较大的热应力导致岩石强度弱化，使得损伤快速增加。

对岩石试样热损伤演化曲线进行拟合可以得到式（4-11）。

$$D'(T) = a_s + b_s T + c_s T^2 \tag{4-11}$$

式中，a_s 为 $-4.47\mathrm{e}^{-2}$；b_s 为 $1.07\mathrm{e}^{-3}$；c_s 为 $-6.23\mathrm{e}^{-7}$。a_s、b_s、c_s 为材料参数，与岩石性质有关。

4.3.2　荷载损伤因子特征分析

在实际地热开采过程中，储层岩石不仅受到热损伤的作用，也会受到荷载损伤的影响。不同受热温度岩石遇水冷却后急剧冷却形成热应力，对其微观结构造成热损伤 $D'(T)$；热损伤岩石在轴向应力作用下受到的荷载损伤可以表示为 $D(\varepsilon)$，荷载损伤随着岩石变形量的增加而变化。通过对遇水冷却的热冲击花岗岩试样进行单轴压缩试验来讨论地热开采过程中高温岩石的两种损伤状态。假设热损伤花岗岩在单轴压缩作用下的应力-应变关系为：

$$\sigma = E_T [1 - D(\varepsilon)] \varepsilon \tag{4-12}$$

将式（4-10）代入式（4-12）中，可以得到用热损伤和荷载损伤共同表示的应力-应变关系：

$$\sigma = E_0 [1 - D'(T)] [1 - D(\varepsilon)] \varepsilon \tag{4-13}$$

可以将式（4-13）简化为式（4-14），可以得到用总损伤表示的应力-应变关系，其中 $[1 - D(T)][1 - D(\varepsilon)] = 1 - D_i$：

$$\sigma = E_0(1 - D_i)\varepsilon \tag{4-14}$$

根据式（4-13）和式（4-14）可以得到总损伤的表达式：

$$D_i = D'(T) + D(\varepsilon) - D'(T)D(\varepsilon) \tag{4-15}$$

热损伤花岗岩的破坏是微裂纹发育、扩展直至最终形成宏观破坏面的过程。岩石受温度作用形成的微裂隙是岩石荷载损伤的主要因素，微裂隙在岩石内部随机分布。岩石试样是由无数个微元体组成，每个微元体都含有不同程度的微裂隙和孔隙。基于连续损伤力学，假定岩石试样内部的随机分布特征与 Weibull 函数相吻合，提出荷载损伤的概率密度函数为[164-166]：

$$D(\varepsilon) = 1 - e^{\left[-\left(\frac{\varepsilon}{s}\right)^m\right]} \tag{4-16}$$

式中，m、s 为 Weibull 分布参数，大小与材料性质有关。

将式（4-8）和式（4-16）代入式（4-15），可以得到总损伤 D_i：

$$D_i = 1 - \frac{E_T}{E_0}e^{\left[-\left(\frac{\varepsilon}{s}\right)^m\right]} \tag{4-17}$$

花岗岩试样单轴压缩应力-应变曲线的初始压密阶段是微裂隙闭合的过程，尤其是热损伤花岗岩的微裂隙更加突出。经典的岩石本构模型已经不能很好地描述这一阶段的应力-应变特征，本节针对热损伤花岗岩应力-应变关系，讨论损伤因子的演化特征。将式（4-17）代入式（4-14），可以得到热损伤花岗岩在单轴压缩作用下的部分应力-应变关系：

$$\sigma = E_T\varepsilon e^{\left[-\left(\frac{\varepsilon}{s}\right)^m\right]} \tag{4-18}$$

根据热冲击花岗岩遇水冷却试样在单轴压缩试验中获取的应力-应变曲线特征点，采用多元求极值的方法计算得到 Weibull 分布的参数 m 和 s 值。在不同温度下，当热损伤花岗岩应力-应变曲线达到峰值时，峰值边界条件为：

$$\frac{\mathrm{d}\sigma}{\mathrm{d}\varepsilon}\bigg|_{\sigma=\sigma_c, \varepsilon=\varepsilon_c} = 0 \tag{4-19}$$

将式（4-18）代入式（4-19），可以得到：

$$s^m = m\varepsilon_c^{\ m} \tag{4-20}$$

$$\sigma_c = E_T\varepsilon_c e^{\left[-\left(\frac{\varepsilon_c}{s}\right)^m\right]} \tag{4-21}$$

将式（4-20）代入式（4-21），可以得到 m 和 s 的表达式：

$$m = -\frac{1}{\ln\dfrac{\sigma_c}{E_T\varepsilon_c}} \tag{4-22}$$

$$s = \left(m\varepsilon_c^{\ m}\right)^{\frac{1}{m}} \tag{4-23}$$

将热损伤花岗岩单轴压缩试验得到的力学试验结果代入式（4-22）和式（4-23）可以得到分布参数 m 和 s 的值，Weibull 分布参数 m、s 值随温度升高的变化曲线如图 4-15 所示。从图 4-15 可以看出：在 25 ~ 150 ℃，m 值有所增大；在 150 ~ 1050 ℃，m 值随着温度升高先减小而后增大；当温度为 600 ℃时，m 值存在最小值 1.36，这一结论与文献［167］一致。s 值随着温度的升高逐渐增大，变化趋势与文献［168］相似。m、s 值影响岩石试样微元体分布的均质性和形状尺度，也能从侧面反映岩石的力学性质。岩石试样峰值强度和 m 值在 150 ℃时都达到最大值，说明温度为 150 ℃时，岩石的均质性得到提高，使其承载力的分散度降低，脆性增强；s 值随着温度升高逐渐增大，说明岩石塑性逐渐增强。

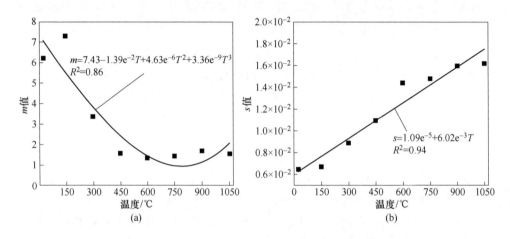

图 4-15　Weibull 分布参数 m、s 随温度变化曲线

　　根据式（4-16）可以计算得到热损伤花岗岩试样仅在荷载作用下的荷载损伤因子 $D(\varepsilon)$ 随轴向应变的演化规律，如图 4-16(a) 所示。随着轴向应变的增加，荷载损伤会以两种不同的模式逐渐增长。在 25 ~ 300 ℃，荷载损伤呈"S-Ⅰ"型增长趋势；而在 450 ~ 1050 ℃，荷载损伤呈"S-Ⅱ"型增长趋势。从图中可以看出，温度对岩石荷载损伤的演化影响显著。"S-Ⅰ"型曲线在加载初始阶段，荷载损伤存在一个平台，即 $D(\varepsilon)=0$，此时岩石属于弹性变形。随着岩石变形的累积，荷载损伤会发生突增并逐渐趋近于 1，岩石主要表现为脆性；在"S-Ⅱ"型曲线中，荷载损伤在加载初始阶段便开始不断增长，随着温度的升高，损伤增长速度变小。这表明随着储层岩石轴向变形的增加，损伤程度逐渐增加。在同一轴向变形量条件下，"S-Ⅰ"型岩石表现出脆性损伤，具有突发性；"S-Ⅱ"型岩石表现出延性损伤，具有渐进性，对变形具有更好的协调能力，在峰后阶段，温度越高，损伤越小。

　　岩石总损伤是由热损伤和荷载损伤共同作用形成的，并且不同损伤所占比重的大小会随着轴向变形累积量的增加发生变化。根据式（4-17）计算得到花岗岩试样在单轴压缩过程中，总损伤随着轴向应变增加的变化情况，如图 4-16(b)

所示。总损伤演化规律与荷载损伤演化规律类似：随着轴向应变增加，在热损伤初始值的基础上先缓慢增加，随后快速增加并逐渐趋向于 1，整体呈"S"型演化趋势。在轴向荷载初始阶段，热损伤对总损伤产生主要影响，由图 4-14 可知。轴向应变为 0.005 时，热损伤和荷载损伤与总损伤的比例关系开始发生变化，如图 4-16(c) 和图 4-16(d) 所示。轴向应变超过 0.005 时，随着轴向应变进一步增加，荷载损伤所占比重逐渐增加，而热损伤所占比重逐渐减小。随着轴向应变的增加，温度为 450 ℃ 的岩石试样热损伤与荷载损伤均最先达到平衡。这表明地热开采前期主要受到热损伤的影响，而后期荷载成为损伤的主要原因。

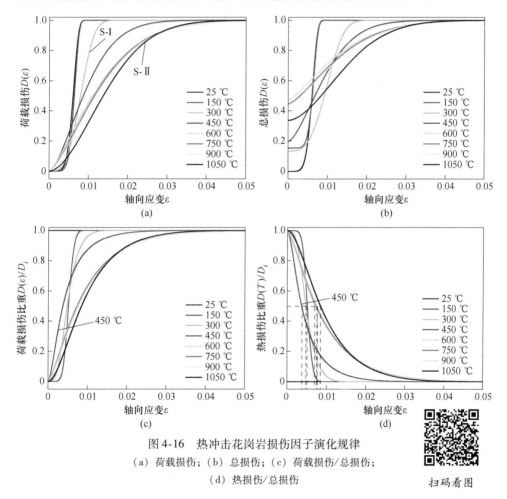

图 4-16　热冲击花岗岩损伤因子演化规律
(a) 荷载损伤；(b) 总损伤；(c) 荷载损伤/总损伤；
(d) 热损伤/总损伤

扫码看图

4.3.3　损伤本构模型与试验验证

地热储层岩石在冷却过程中，温度变化对花岗岩损伤的影响是非常显著的。随着温度的变化，矿物分子之间的热运动变化导致矿物之间的作用力突变，从而引起矿物晶体发生错动或者开裂。更主要的是，储层花岗岩内部多种矿物颗粒具有不同的热膨胀系数、导热系数和比热容等热物理特性，温度一旦发生变化便会引起颗粒边界处的不协调变形，引起微裂隙的发育、扩展形成裂隙网络。裂隙网络的形成会导致岩石应力-应变关系发生变化，热损伤岩石在整个加载过程中，先后受到热应力和轴向荷载的共同作用。岩石受到的热损伤越严重，岩石应力-应变曲线的压密阶段越明显，所以构建储层岩石本构模型时必须考虑热损伤的折减。基于应变等效原理并考虑热应力和轴向荷载的共同作用，定义热损伤花岗岩本构模型用式（4-24）表示。

$$\sigma = \mu E_0 \left[1 - D(T) \right] \left[1 - D(\varepsilon) \right] \varepsilon \qquad (4-24)$$

式中，μ 为温度和轴向荷载共同作用的应力系数，称为热-力损伤折减因子，μ 为温度和应变的函数。$D(T)$ 和 $D(\varepsilon)$ 可分别用式（4-8）和式（4-16）表示。

$$\mu = f(T, \varepsilon) \qquad (4-25)$$

采用半经验和试错法讨论热-力损伤折减因子 μ 的具体函数形式，依据温度和轴向应变的分布规律，最终发现 μ 呈指数函数分布：

$$\mu = e^{A(\varepsilon - \varepsilon_c)} \qquad (4-26)$$

式中，A 为表征曲线下基线上积分总面积，与温度有关，通过试验拟合确定。

将式（4-8）、式（4-16）和式（4-26）代入式（4-24）中得到定义的储层岩石本构模型为：

$$\sigma = E_T \varepsilon e^{\left[A(\varepsilon - \varepsilon_c) - \left(\frac{\varepsilon}{s} \right)^m \right]} \qquad (4-27)$$

通过式（4-22）和式（4-23）可以看出，Weibull 分布函数 m、s 值是不同温度处理下的岩石峰值强度 σ_c、峰值应变 ε_c 以及相对应的弹性模量的函数。由图 4-15 可知，m 随温度升高采用指数形式表示，而 s 随温度升高表现出明显的线性变化。以热冲击花岗岩遇水冷却试验结果为例，验证热损伤花岗岩单轴压缩应力-应变关系，即式（4-27）的准确性，热-力损伤折减因子 μ 的拟合参数如表 4-2 所示，拟合结果如图 4-17 所示。

表 4-2　热-力效应因子拟合参数

温度/℃	A	m	s	ε_c/%
150	156.08	7.29	0.67×10^{-2}	0.51
300	242.01	3.37	0.89×10^{-2}	0.62
450	315.87	1.58	1.10×10^{-2}	0.82
600	204.11	1.36	1.44×10^{-2}	1.15
750	297.11	1.44	1.48×10^{-2}	1.15
900	212.53	1.70	1.60×10^{-2}	1.17
1050	108.90	1.53	1.62×10^{-2}	1.22

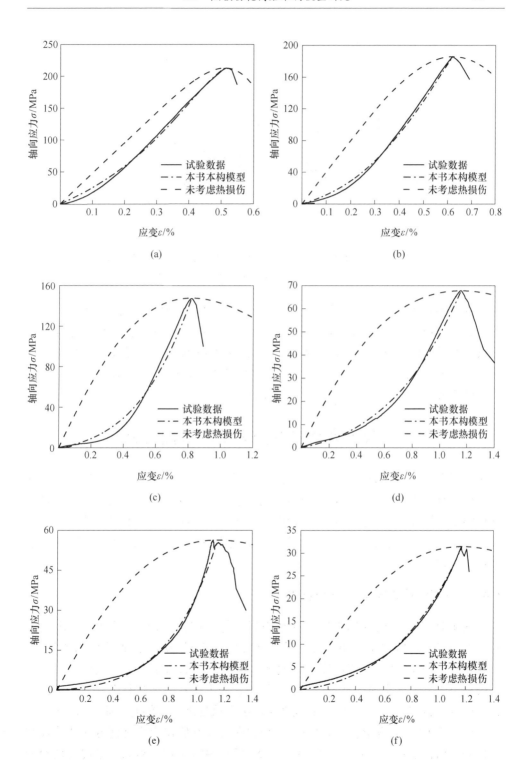

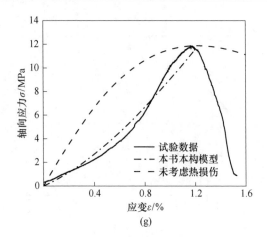

图 4-17   单轴压缩作用下热损伤花岗岩理论模型曲线拟合效果
(a) 150 ℃; (b) 300 ℃; (c) 450 ℃; (d) 600 ℃; (e) 750 ℃; (f) 900 ℃; (g) 900 ℃

由图 4-17 可知，热-力损伤折减因子 μ 的物理意义为热损伤岩石应力-应变关系的折减程度。热-力损伤折减效应是由热冲击花岗岩冷却过程产生的微裂隙所致。为了更好地对比分析，图 4-17 还给出了未考虑热损伤折减效应的理论曲线。由图 4-17 可知，本书建立的本构模型和试验数据曲线拟合效果较好，更适用于热冲击花岗岩遇水冷却后的力学性质分析。

4.4 温度变化对花岗岩抗拉特性的影响

众所周知，岩石的抗拉强度要远低于岩石本身的抗压强度，即使当岩石受到压缩荷载时，岩石中的微裂隙也有可能是由拉应力造成的[169]。抗拉强度与岩石材料的变形特性、承载能力和损伤程度密切相关。因此，针对不同热处理后的花岗岩圆盘试样开展巴西劈裂试验，分析岩石应力-位移关系、巴西抗拉强度和裂隙扩展过程。

4.4.1 热损伤花岗岩拉应力-位移关系

图 4-18 为不同热处理作用下的花岗岩试样拉应力-位移关系曲线。由图可知，温度对花岗岩拉应力-位移关系有显著影响，不同冷却方式产生的影响不同。由岩石试样的拉应力-位移曲线可以发现，在加载初期曲线存在非线性阶段，该阶段是由于岩石试样内部微裂纹被压实导致，而大多数微裂隙是由岩石热损伤导致。此外，拉应力-位移曲线的非线性阶段随着热处理温度的升高而有所延长。

由图 4-18 可以看出，岩石拉应力-位移曲线在峰值拉应力之前分为非线性和线性两个阶段。由图 4-18(a) 可得，温度为 25 ~ 450 ℃时，经过自然冷却的热冲

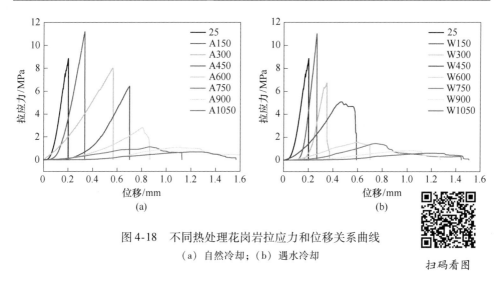

图4-18　不同热处理花岗岩拉应力和位移关系曲线

（a）自然冷却；（b）遇水冷却

扫码看图

击花岗岩峰后表现出脆性破坏特征；温度为 600～1050 ℃时，岩石试样在峰后表现出延性特征，且随着温度升高延性增强。由图 4-18（b）可得，温度为 25～300 ℃ 时，经过遇水冷却的热冲击花岗岩试样峰后表现出脆性特征；而温度为 300～1050 ℃ 时，岩石试样峰后开始出现延性特征。这说明遇水冷却能够加速岩石由脆性向延性的转变，为岩石的改性试验研究提供了依据。

4.4.2　热损伤花岗岩巴西抗拉强度的变化规律

表4-3 为巴西劈裂试验所得的各组花岗岩试样巴西抗拉强度（brazilian tensile strength，BTS）试验数据，并计算了平均值和标准差。图 4-19 为不同热处理花岗岩巴西抗拉强度（BTS）随着温度升高的变化曲线。当热处理温度由 25 ℃ 升高到 150 ℃时，两种冷却方式下的花岗岩试样 BTS 分别增加了 24.46% 和 27.01%。温度为 150～1050 ℃时，BTS 随着温度升高而下降，并且与自然冷却试样相比，遇水冷却试样的 BTS 要低；温度为 300 ℃时，两者存在最大差值（1.39 MPa）。BTS 的下降可以分为三个阶段：150～600 ℃ 为显著下降阶段，600～750 ℃ 为缓慢下降阶段，750～1050 ℃ 为基本稳定阶段。

表 4-3　不同热处理花岗岩 BTS 试验值

温度 /℃	BTS（自然冷却）/MPa					BTS（遇水冷却）/MPa				
	N1	N2	N3	平均值	标准差	N1	N2	N3	平均值	标准差
25	9.37	8.87	8.37	8.87	0.50	9.37	8.87	8.37	8.87	0.50
150	11.99	11.19	10.39	11.19	0.80	12.04	11.04	10.04	11.04	1.00
300	7.8	8.43	8.13	8.12	0.32	6.84	6.85	6.5	6.73	0.20
450	6.51	6.33	6.12	6.32	0.20	5.02	5.1	5.12	5.08	0.05

温度 /℃	BTS（自然冷却）/MPa					BTS（遇水冷却）/MPa				
	N1	N2	N3	平均值	标准差	N1	N2	N3	平均值	标准差
600	3.03	2.63	2.83	2.84	0.20	1.82	1.45	1.61	1.63	0.19
750	1.18	0.9	0.62	0.90	0.28	1.36	1.26	0.76	1.13	0.32
900	1.09	1.59	0.56	1.07	0.52	0.94	0.84	0.34	0.71	0.32
1050	1.19	0.19	0.69	0.68	0.50	0.72	0.12	0.62	0.49	0.32

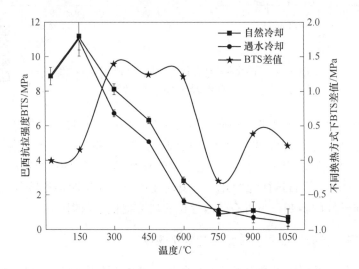

图 4-19　不同热处理花岗岩 BTS 变化曲线

BTS 随温度升高的变化过程揭示了温度对花岗岩抗拉特性的影响，温度在 150 ℃以内，花岗岩内部矿物颗粒膨胀导致原生裂纹闭合，颗粒之间膨胀后相互挤压，裂纹界面之间的摩擦力增大，使岩石 BTS 增大，出现岩石"热硬化"现象；温度超过 150 ℃时，岩石颗粒之间的膨胀形成的热应力足以破坏颗粒，使其产生热破裂，进而导致岩石 BTS 开始下降。温度为 450 ~ 600 ℃时，岩石 BTS 下降最为明显，不同冷却方式下 BTS 差值相对较大。温度超过 600 ℃时，热应力引起的损伤对 BTS 的影响逐渐减小；温度为 750 ℃时，花岗岩的热损伤程度已经达到峰值，温度的再次升高对岩石抗拉特性的影响可以忽略不计。

4.4.3　热损伤花岗岩巴西抗拉强度演化模型

根据巴西劈裂试验结果得到如图 4-19 所示的变化曲线。由图可知，温度在 25 ~ 150 ℃时，BTS 明显提高；温度超过 150 ℃后，BTS 逐渐下降。在花岗岩力学特性试验中，温度低于 150 ℃时，随着温度的升高岩石试样强度均有所提高，这主要与岩石试样微裂纹闭合和硬化参数变化有关。花岗岩在 150 ℃时，微裂纹闭合与前文岩石微观结构试验结果相符，且花岗岩硬化参数随着温度升高而增大，所以这一阶段的岩石试样 BTS 可以引入岩石硬化参数来表示。温度超过 150 ℃时，花岗岩 BTS 逐渐下降，主要是由于经过热处理后岩石试样表面出现了热破裂现象，造成一定程度的热损伤，这样会使得岩石试样的硬化参数降低，这一阶段花岗岩 BTS 可以通过与温度有关的损伤因子和硬化参数共同表示。对于岩石 BTS而言，150 ℃ 为温度阈值，在 150 ℃前后，对花岗岩 BTS 的主要影响因素和作用机制不同，所以本节采用分段函数来建立不同热处理作用下的花岗岩 BTS 数学模型。

针对花岗岩在 25～150 ℃ 之间的 BTS 值，认为 25 ℃花岗岩试样 BTS 为 σ_{T0}。假设在两种冷却方式作用下，花岗岩 BTS 呈线性变化，则线性斜率为岩石试样的硬化参数 m_T，由花岗岩自身性质和温度决定，则不同热处理下花岗岩巴西抗拉强度 σ_T 模型如式（4-28）所示：

$$\sigma_T = \sigma_{T0} + m_T T \tag{4-28}$$

式中，σ_T 为不同温度下岩石试样 BTS；T 为热处理温度；σ_{T0} 为初始岩石试样BTS；m_T 为岩石热硬化系数。

温度为 150～1050 ℃时，花岗岩 BTS 先快速下降，随后缓慢下降，采用负指数函数的形式来表征该温度段岩石 BTS 随着温度升高的衰减过程。因此，定义150～1050 ℃花岗岩在两种冷却方式下的 BTS 表达式为：

$$\sigma_T = A_0 + \sigma_m \cdot e^{-T/t_0} \tag{4-29}$$

式中，σ_m，t_0，A_0 为常数，由岩石损伤和硬化参数确定。

根据巴西劈裂试验结果，拟合得到参数 σ_m、t_0 和 A_0，将参数分别代入式（4-28）和式（4-29）得到表4-4。由表4-4 中 BTS 分段表达式计算得到不同热处理作用下的花岗岩 BTS 分段函数曲线，将分段函数曲线与试验结果进行验证，如图4-20 所示。由图可知，分段函数计算结果与试验结果比较吻合，因此，可以通过该强度模型对其他温度作用下的岩石试样 BTS 进行分析预测，为地热储层稳定性的评判提供依据。

表4-4　不同热处理花岗岩 BTS 表达式

温　度	BTS-自然冷却	BTS-遇水冷却
25～150 ℃	$\sigma_T = 8.87 + 1.86 e^{-2} T$	$\sigma_T = 8.87 + 1.74 e^{-2} T$
150～1050 ℃	$\sigma_T = 18.30 e^{-T/493.35} - 2.03$	$\sigma_T = 18.29 e^{-T/333.95} - 0.58$

4.4.4　基于岩石表面应变场的渐进破裂过程分析

近年来，关于巴西劈裂试验中第一条裂隙的起裂点以及裂隙如何扩展的研究备受关注。在理论上，有些学者基于格里菲斯强度理论（Griffith's strength theory），

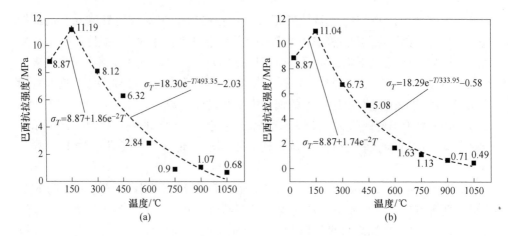

图 4-20　不同热处理花岗岩 BTS 拟合曲线

(a) 自然冷却；(b) 遇水冷却

认为裂隙起始于巴西圆盘试样的中心[170-172]。因为圆盘中心的拉伸应力最大，基于临界拉应力准则，即当最大拉应力超过岩石的抗拉强度时，将出现第一条拉伸裂隙。另有一些学者在试验中观察到的裂纹起裂点并不在圆盘试样的中心，而是在靠近圆盘上、下端的两个受力加载点[173-176]。裂隙起裂点偏离圆盘中心的原因主要是由岩石试样自身的不均匀性和固有损伤造成的[177,178]。

为了验证上述观点，本书在巴西劈裂试验过程中，使用 DIC 设备监测热损伤花岗岩试样表面裂隙起裂、扩展和最终贯通的整个过程。从表 4-5 中可以看出裂隙的起裂点主要分为上、下端加载点同时起裂和上端加载点单独起裂的两种起裂方式。温度低于 450 ℃时，第一条裂隙在圆盘试样上、下端加载点同时起裂，上端起裂点沿直径向下端起裂点逐渐扩展，而下端起裂点在后期的加载过程中发育并不明显，即图 4-21(a)。热处理温度超过 450 ℃时，裂隙通常从巴西圆盘的上端加载点起裂，然后逐渐向下端加载点方向扩展，即图 4-21(b)。随着荷载的增加，裂隙扩展超过圆盘中心位置时，宏观断裂形成，导致岩石试样破裂。热损伤花岗岩在发生劈裂破坏的过程中，裂隙起裂位置并不满足 Griffith 裂纹准则。

表 4-5　热损伤花岗岩巴西劈裂破坏模式

温度 /℃	自 然 冷 却		遇 水 冷 却	
	破坏模式及裂纹示意图	起裂位置	破坏模式及裂纹示意图	起裂位置
25				

温度 /℃	自然冷却		遇水冷却	
	破坏模式及裂纹 示意图	起裂位置	破坏模式及裂纹 示意图	起裂位置
150				
300				
450				
600				
750				
900				
1050				

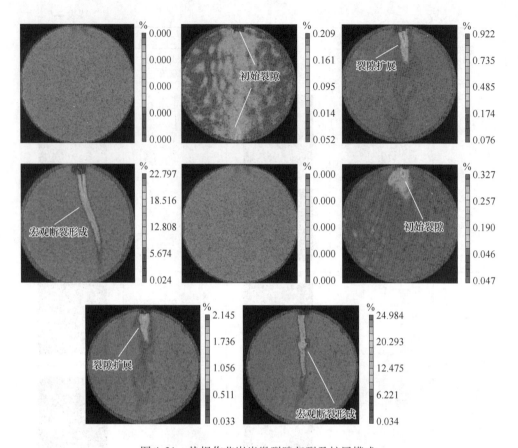

图 4-21　热损伤花岗岩微裂隙起裂及扩展模式

在巴西劈裂试验中，假设试样材料为具有均质性和各向同性的线弹性材料。材料在发生破坏前为线弹性应力场，材料发生破坏时满足 Griffith 裂纹准则：

$$\begin{cases} \sigma_t = \sigma_1, & 3\sigma_1 + \sigma_3 < 0 \\ \sigma_t = \dfrac{-(\sigma_1 - \sigma_3)^2}{8(\sigma_1 + \sigma_3)}, & 3\sigma_1 + \sigma_3 < 0 \end{cases} \tag{4-30}$$

式中，σ_1 为最大主应力；σ_3 为最小主应力。

理论上，对于上述圆盘试样直径上的拉伸应力是恒定的均匀应力场，在圆盘中心点存在 $3\sigma_1 = -\sigma_3$（拉伸方向为正），满足岩石拉伸破坏条件，应力值与拉伸强度相同。但在实际劈裂试验过程中，加载点的压缩应力远大于岩石的拉伸应力。岩石试样经过热处理之后表面出现了较为显著的热损伤，而内部损伤程度较小，导致岩石热损伤形成的微裂隙非均匀分布，而试样表面较为集中。同时，热损伤岩石变形特征不满足 Griffith 裂纹准则的弹性变形假设。因此，经过热处理后的花岗岩试样会出现劈裂裂隙从加载点起裂的现象。

4.5　热损伤花岗岩破坏机理分析与讨论

通过对热损伤花岗岩的单轴抗压试验和巴西劈裂抗拉试验得出：温度对岩石试样的强度有显著影响。温度为 25～150 ℃时，花岗岩强度会有所提高；温度为150～1050 ℃时，花岗岩强度随着温度升高逐渐降低。主要因为温度变化使得岩石内部发生一系列物理化学变化：一是温度升高，水分（自由水、结合水）逸出；二是温度对矿物成分和胶结物行为产生的影响。

4.5.1　温度变化对花岗岩损伤影响机理讨论

岩石内部的水分主要有自由水和结合水两种形式，它们对岩石力学性质产生的影响不同。自由水不受矿物颗粒表面吸附力的控制，而是在重力作用下进行运动，对岩石力学性质表现为孔隙水压力作用和溶蚀-潜蚀作用。孔隙水压力会减小矿物颗粒之间的压应力，降低岩石的抗剪强度，导致岩石微裂隙尖端处于受拉状态并破坏矿物颗粒的胶结作用[179]。溶蚀-潜蚀作用是指自由水在岩石内部运动过程中会溶解部分可溶物质或者将小颗粒冲走，从而使岩石强度降低。重力水对温度升高最敏感，优先从岩石内部逸出，这样就会大大降低岩石内部的孔隙水压力作用和溶蚀-潜蚀作用。温度为 150 ℃时，花岗岩试样内部几乎不存在自由水，所以试样强度会有所提高。结合水是指在矿物颗粒对水分子的吸附力超过本身重力而被束缚在矿物颗粒表面的水。结合水以水膜的形式在矿物颗粒表面进行运动，水膜对岩石力学性质的表现为连接作用、润滑作用和水楔作用。以上几种作用都与岩石结合水的含量有关，而结合水的含量受矿物颗粒的亲水性影响。一般而言，花岗岩和石英岩几乎不含或仅含少量的亲水矿物颗粒，结合水的变化对本研究岩石试样强度的影响可以忽略不计。所以温度在 150～1050 ℃时，花岗岩试样的强度主要由矿物颗粒及其胶结物在不同温度下的行为决定。

花岗岩矿物颗粒和颗粒之间的胶结物均受到温度的影响。温度为 25～150 ℃时，矿物颗粒自身发生膨胀使得颗粒之间原有的微裂纹闭合，增加了矿物颗粒之间的摩擦力，而矿物颗粒之间的相互作用力又不足以破坏颗粒及胶结物的强度[180]；同时温度升高导致岩石内部自由水蒸发从而降低了水分对岩石力学性质的劣化作用，如图 4-22(c) 所示。因此，在热应力还不足以破坏岩石微观结构之前，矿物颗粒的膨胀和自由水的蒸发能够提高岩石的强度。但是通过分析不同热处理花岗岩的单轴抗压试验结果发现：遇水冷却的岩石试样抗压强度在 150 ℃时并没有升高，反而略有降低。这可能有三种原因：一是岩石试样的非均质性及试验的离散性造成的；二是从强度变化机理上讲，岩石矿物颗粒缓慢加热后发生膨胀，充填了颗粒之间的原生裂隙，但是遇水冷却能够使颗粒迅速收缩恢复原来形态,并产生部分微裂隙,如图 4-22(a) 所示;三是遇水冷却过程中,起冷却作用的循环水被补充为岩石内部的自由水。这三种原因都有可能存在,最终导致遇水冷却的花岗岩试样单轴抗压强度在 150 ℃时没有明显的提升。

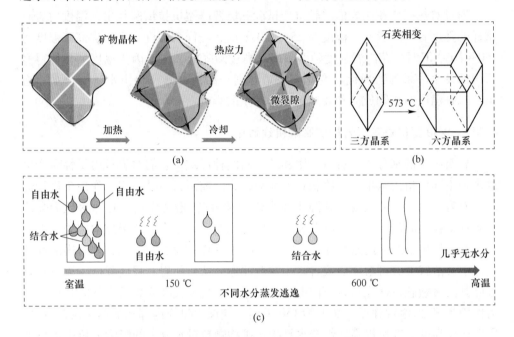

图 4-22　不同温度下花岗岩内部物理化学变化

　　温度超过 150 ℃时,水分的变化对岩石力学性质的影响可以忽略,矿物颗粒和胶结物共同决定岩石整体强度。根据花岗岩微观破裂结构演化规律,发现当温度为 300 ℃时,最先出现的是晶界微裂隙,而晶界微裂隙出现在矿物颗粒之间的胶结物上,这就证明了花岗岩内部胶结物的强度低于矿物颗粒。根据最弱环原理,晶界微裂隙的失稳破坏最有可能诱导岩石整体破坏,因此晶界微裂隙更能影响岩石整体强度。由于矿物颗粒之间的不协调变形在晶体边界产生挤压形成热应力,当热应力超过胶结物强度时,矿物颗粒之间出现晶界微裂隙。微裂隙的出现属于岩石颗粒的塑性变形,当遇水冷却时岩石再次受到拉应力的作用,导致微裂隙数量增多,所以遇水冷却的花岗岩试样强度要低于自然冷却的花岗岩试样强度。随着温度的升高,热应力会逐渐增大。由前文可知,温度为 450 ℃时,热应力足以对矿物颗粒造成破坏,在其内部形成微裂隙。随着温度继续升高,在573 ℃时花岗岩试样内部的石英发生相态变化,如图 4-22(b) 所示,石英体积发生明显增大,对周边矿物颗粒造成强烈挤压,出现贯穿整个矿物颗粒的穿晶微裂隙。这导致岩石宏观力学性质发生更加明显的劣化,单轴抗压强度开始迅速降低呈阶梯式变化趋势。随着温度继续升高,微观结构破坏导致强度持续降低。由于岩石抗拉强度小于抗压强度，对于热应力产生的破坏更加敏感，所以岩石抗拉能力在450 ℃时基本已经丧失，随着温度升高以负指数函数的形式降低。温度升高到870 ℃时，石英再次发生相变，由β态石英转变为鳞石英，体积继续增大，而此时的花岗岩宏观力学性质已经发生了严重的劣化，致使强度降低了90%以上。

4.5.2 热损伤花岗岩单轴压缩破坏形态分析

热损伤花岗岩试样根据其热处理温度和冷却方式的不同，在单轴压缩试验中表现出不同的应力-应变曲线、破坏形态和破坏声响等特征。岩石试样的破坏形态是岩石受压作用后的最终表现形式，对揭示热损伤花岗岩的破坏机理具有重要意义。图4-23为花岗岩试样压缩破坏后的照片通过灰度处理和阈值调整获取的岩石破坏模式。岩石试样单轴压缩下的破坏模式主要是剪切破坏和劈裂破坏两种形式，多数岩石试样存在与轴向荷载近似平行的劈裂裂纹。

对于自然冷却的岩石试样，温度低于450 ℃时，岩石试样均存在平行于加载方向的轴向主裂隙，并且伴有巨响，破坏模式以脆性为主；温度超过450 ℃时，岩石试样的破坏模式受热损伤微裂隙的影响，存在多条不完全平行于加载方向的贯通裂隙，破坏模式以延性为主。随着温度的升高，岩石延性特征愈发明显，破坏形态出现圆锥体，并伴有粉状岩石碎屑脱落。

遇水冷却岩石试样的破坏形态规律与自然冷却岩石试样的破坏形态规律相似。热损伤花岗岩破坏形态的复杂性由很多原因造成，首先是岩石内部矿物成分较多、结构复杂，其次是热损伤造成的微裂隙密度、张开度、扩展方向和贯通程度等存在一定的差异性。总体来看，花岗岩试样在低温时以脆性破坏为主，高温时以延性破坏为主并伴有粉状岩屑脱落。热损伤岩石在两种冷却方式作用后的破坏模式按照温度不同可以分为三个阶段：在温度低于150 ℃时，花岗岩的破坏模

(a)

(b)

(c)

(d)

(e)

(f)

(g)

(h)

图 4-23　不同热处理花岗岩单轴压缩破坏模式

（a）25 ℃花岗岩试样及破坏模式（左：自然冷却；右：遇水冷却）；
（b）150 ℃花岗岩试样及破坏模式（左：自然冷却；右：遇水冷却）；
（c）300 ℃花岗岩试样及破坏模式（左：自然冷却；右：遇水冷却）；
（d）450 ℃花岗岩试样及破坏模式（左：自然冷却；右：遇水冷却）；
（e）600 ℃花岗岩试样及破坏模式（左：自然冷却；右：遇水冷却）；
（f）750 ℃花岗岩试样及破坏模式（左：自然冷却；右：遇水冷却）；
（g）900 ℃花岗岩试样及破坏模式（左：自然冷却；右：遇水冷却）；
（h）1050 ℃花岗岩试样及破坏模式（左：自然冷却；右：遇水冷却）

式为脆性破坏；温度超过 150 ℃时，出现新生微裂隙，随着微裂隙数量的增加，应力-应变（荷载-位移）曲线趋于弹-塑性形式，而破坏模式逐渐由脆性趋于延性转变；温度超过 450 ℃时，微裂隙数量迅速增多，此时的应力-应变曲线表现出塑性变形特征，由脆性变形向延性变形转变。以上分析说明，150 ℃和 450 ℃可以作为热损伤花岗岩力学行为变化的温度阈值。

4.5.3　热损伤花岗岩巴西劈裂裂隙扩展分析

在巴西劈裂试验过程中，花岗岩试样受到拉伸作用产生劈裂破坏形成裂隙，裂隙扩展速度与热处理温度具有良好的相关性。本书 DIC 设备采集速率设置为 5 张/s，随着热处理温度（150 ~ 1050 ℃）增大，主裂隙扩展形成宏观断裂需要的时间越多，如图 4-24 所示。具体来说，热处理温度由 25 ℃升高到 150 ℃时，裂隙扩展时间非但没有增加反而有所减少。在热处理温度为 150 ~ 450 ℃时，岩石试样裂隙扩展时间增速最快；而对于热处理温度超过 450 ℃的花岗岩试样，增速明显变慢。遇水冷却后的花岗岩试样裂隙扩展速率要低于自然冷却的花岗岩试样裂隙扩展速率，这表明冷却方式可以改变热冲击花岗岩的热损伤程度。试样主裂隙扩展速度主要受岩石变形特征影响，岩石试样经过热处理之后，热损伤会导致岩石变形特征由脆性向塑性转变。岩石处于脆性变形状态时，试样的断裂过程持续时间很短，而岩石处于塑性变形状态时，试样的破坏过程变形较大，持续时间较长。因此，热处理温度能够影响主裂隙扩展速度，表现为温度越高，裂隙扩展速度越小。

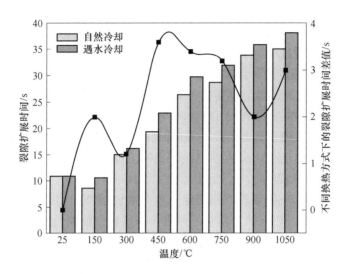

图 4-24　不同热处理花岗岩劈裂破坏裂隙扩展时间

图 4-24 为不同热处理的岩石试样裂隙扩展时间随温度的变化趋势，表 4-5 显示了不同热处理作用后花岗岩试样的最终破坏模式。热损伤花岗岩试样的破坏模式受热处理温度的影响，温度为 25~150 ℃时，热损伤花岗岩表现出来的宏观断裂裂隙完全贯穿整个圆盘试样；而温度为 150~450 ℃时，仅部分岩石试样的宏观断裂裂隙贯穿整个圆盘试样；温度超过 450 ℃时，岩石试样的宏观断裂裂隙未能贯穿整个圆盘试样。

基于热损伤花岗岩巴西劈裂试验，分析花岗岩试样的裂隙起裂点、裂隙扩展速度以及最终破坏模式，发现 450~600 ℃之间存在表征热损伤花岗岩破坏特征的临界温度，导致该温度区间内的岩石在劈裂过程中，裂隙起裂方式、扩展过程和破坏模式发生明显变化。温度为 25~150 ℃时，花岗岩试样微观颗粒发生膨胀导致原始微裂纹发生闭合，颗粒之间的热应力不足以破坏其微观结构，岩石试样结构表现较为完整。当岩石试样上端受到劈裂荷载作用时，应力会迅速传递至岩石试样下端，所以花岗岩试样的裂隙起裂点为上、下端的受力加载点，并且裂隙的扩展速度相对较快，最终能够贯穿整个岩石试样。同理，在热处理温度为 150~1050 ℃时，热应力大于岩石的抗拉强度，会破坏颗粒之间的微观结构。其中，相变引起的热应力对岩石微结构的破坏能力更强，故温度为 450~600 ℃时，热损伤花岗岩巴西劈裂的破坏特征会发生明显改变。

4.6　本　章　小　结

本章通过对不同热处理花岗岩试样开展单轴压缩试验和巴西劈裂试验,分析不同热处理温度和冷却方式对岩石试样应力-应变曲线、强度及变形特征的影响,建立了热损伤花岗岩单轴压缩损伤本构模型和巴西抗拉强度演化模型,监测了巴西劈裂试验裂隙扩展过程,主要结论如下:

(1)温度和冷却方式对花岗岩强度及变形特征具有显著影响。温度为 25 ~ 450 ℃时,花岗岩试样应力-应变曲线峰后阶段具有明显的脆性特征;温度为 600 ~ 1050 ℃时,花岗岩试样峰后变形表现为延性特征;热损伤花岗岩峰值强度、特征应力和弹性模量随着温度的升高而减小,而泊松比和峰值应变随着温度的升高而增加。热损伤花岗岩力学特性劣化的温度阈值为 450 ~ 600 ℃之间,岩石力学参数变化最明显。

(2)基于 Lemaitre 应变等效原理建立岩石损伤的 Weibull 概率密度函数,利用多元求极值法获取 m、s 值,建立了热损伤花岗岩在单轴压缩作用下的热损伤、荷载损伤和总损伤的数学模型,分析了不同类型损伤随着温度升高和轴向应变的演化规律,得到荷载损伤和总损伤随着轴向应变呈"S"型的演化特征。此外,引入热-力损伤因子 μ,构建了花岗岩单轴压缩损伤本构模型,模型与试验结果基本吻合。

(3)分析热损伤花岗岩拉应力-位移曲线,得到遇水冷却过程可以加快岩石由脆性向延性的转变。温度为 150 ℃时,热损伤花岗岩巴西抗拉强度达到峰值,揭示了岩石热硬化现象,建立巴西抗拉强度演化模型。利用 DIC 设备监测到热损伤花岗岩在劈裂过程中的裂隙扩展过程,得到温度低于 450 ℃时,裂隙由上、下加载端同时起裂,而后上加载端裂隙向下加载端扩展;温度高于 450 ℃时,裂隙由上加载端起裂并向下加载端扩展。

(4)讨论和分析了热损伤花岗岩的破坏机理,岩石内部水分逸出、颗粒膨胀及矿物相变等物理化学变化是导致岩石物理力学特性改变的主要原因。随着温度升高,花岗岩试样破坏模式在低于 450 ℃时,以脆性破坏为主;高于 450 ℃时以延性破坏为主并伴有粉碎岩屑颗粒脱落。热损伤花岗岩在劈裂破坏时,裂隙扩展速度随着温度的升高而降低,遇水冷却过程会阻碍主裂隙的扩展。

5 热损伤花岗岩围压效应及强度准则研究

随着地热资源开采技术的快速发展，热交换技术成为地热资源开采的主要手段。为了实现地下深部热能的抽采，一般采用冷媒介质与不同受热温度岩石进行热量交换。然而由热损伤花岗岩力学特性试验可知，热冲击花岗岩遇水冷却后，岩石本身力学特性会发生不同程度的劣化。目前，温度作用下的地热储层岩石力学问题已经成为岩石力学领域的研究热点。对地热储层而言，冷却过程中储层岩石内部形成的热应力会扰动原岩地应力状态，导致储层应力场的重新分布。储层应力场是由上覆岩层和周边岩体共同作用，储层赋存越深受到的围压越明显。因此，储层岩石不仅受到热应力作用，还受到周边岩体施加的围压作用。本章通过探讨围压对热损伤岩石力学特性的影响，获取了岩石变形破坏过程中力学参数的变化规律，完善了考虑围压效应和热损伤的花岗岩强度准则。因此，深入研究不同围压和温度作用下的岩石强度和变形破坏特征，可以具体分析储层在不用应力状态下的破坏情况，为地热开采提供建议。

5.1 试 验 方 案

本章在前文物理力学试验的基础上，继续开展热损伤花岗岩的三轴压缩试验，分析岩石试样强度和变形特性随温度和围压变化的演化规律，并且通过岩石压缩过程中的声发射事件数确定岩石试样的特征应力。

地热开采通常以水为冷媒介质与高温岩石进行热量交换，地热储层受到水的冷却作用。因此，本章热冲击花岗岩的冷却方式仅考虑遇水冷却。综合前文物理力学试验结果可得，温度阈值为 450~600 ℃，温度超过 600 ℃时，物理力学参数变化相对较稳定，并且已经勘测到的储层温度均不超过 600 ℃。因此，试验设计的花岗岩热处理温度分别为 25 ℃、150 ℃、300 ℃、450 ℃、600 ℃。花岗岩的热处理过程与前文试验相同，热处理后的岩石试样如图 5-1 所示，对每个温度段的岩石试样设计 3 个不同围压的三轴压缩试验，目标围压分别为 10 MPa、20 MPa 和 30 MPa。热处理后的花岗岩试样采用 SAS-2000 型多场耦合三轴试验系统进行常规三轴压缩试验，试验设备如图 5-2 所示，试验系统与单轴压缩试验系统的设备参数相同。为了监测花岗岩试样的微破裂行为，在整个三轴压缩试验加载过程中同步进行声发射事件的监测。本书采用的声发射监测系统是由美国声学公司生产的 micro-Ⅱ 型系统，共有 8 通道，门槛值设置为 40 dB。

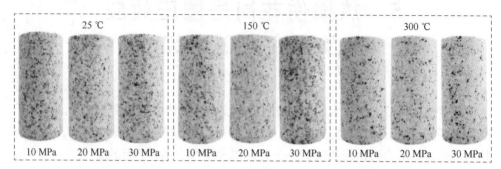

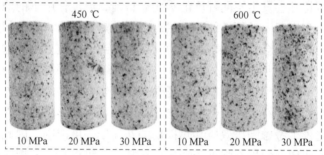

图 5-1　热处理后花岗岩试样形态

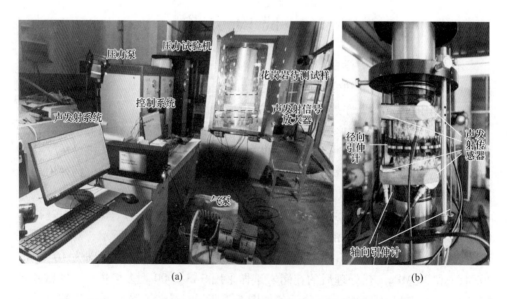

图 5-2　岩石三轴压缩试验测试系统

（a）整体岩石力学试验系统；（b）局部岩石试样安装

具体试验步骤为：

（1）试验加载之前，为岩石试样安装径向引伸计、轴向引伸计和声发射探头，然后对引伸计和声发射系统进行测验，最后进行三轴压力缸的密封。

（2）首先施加 2 kN 轴向荷载，然后以 0.1 MPa/s 加载速施加围压达到目标值并稳定后，以 0.006 mm/min 的位移控制加载速率进行轴向加载。

（3）声发射监测与轴向荷载的施加同步进行，岩石试样破坏后停止轴向力加载和声发射监测。

5.2　试　验　结　果

本节主要讨论围压和温度对热损伤花岗岩三轴压缩试验力学参数的影响。通常来说，对于同一温度下的花岗岩试样，围压的存在限制了其在压缩过程中的侧向应变提高岩石强度，从而造成岩石试样应力-应变曲线、峰值偏应力和弹性模量等相关参数的改变。同时，基于声发射技术确定岩石试样在加载过程中的特征应力，再根据围压和轴向应力之间的关系绘制莫尔-库仑应力包络线，从中获取热损伤花岗岩的剪切强度参数。

5.2.1　围压对热损伤花岗岩的应力-应变关系的影响

图 5-3 展示了不同温度（25～600 ℃）、不同围压（10 MPa、20 MPa、30 MPa）作用下的花岗岩试样偏应力和轴向应变之间的关系。根据不同围压的热损伤花岗岩应力-应变曲线可以看出：曲线从初始加载到峰值破坏表现出凹形、直线和凸形的三种向上变形趋势。当轴向应力超过峰值应力后，岩石试样出现应变软化，导致应力快速下降至残余强度。根据典型的莫尔-库仑脆性破坏特征，可以观察到峰值强度随着围压的增加而增加。

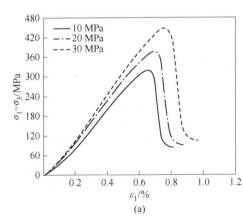

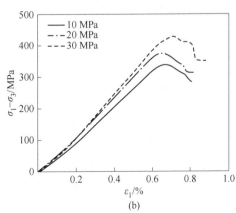

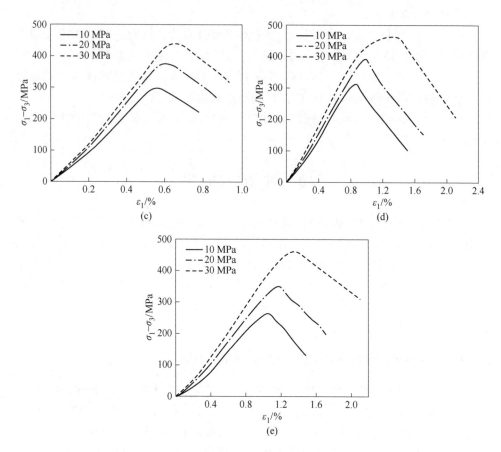

图 5-3　不同温度、围压的花岗岩试样应力-应变关系

(a) 25 ℃；(b) 150 ℃；(c) 300 ℃；(d) 450 ℃；(e) 600 ℃

5.2.2　围压对热损伤花岗岩力学性质的影响

图 5-4 表明了围压对热损伤花岗岩峰值强度的影响。从图中可以看出：在所研究的温度范围内，与温度相比围压对热损伤花岗岩峰值强度的影响更加显著。通过热损伤花岗岩微观结构试验和单轴压缩试验结果可知，在一定温度作用下岩石试样内部会因热破裂而形成大量微裂隙，而微裂隙正是导致岩石破坏和强度降低的主要因素。围压的存在会限制这些微裂隙的扩展，导致峰值强度的变化对围压更敏感。在无围压条件（单轴压缩）下，25 ℃和 150 ℃的岩石试样偏应力几乎相同。当温度升高到 300 ℃时，岩石试样峰值强度降低了 14.16%；而在施加围压后，岩石试样需要达到更高的温度才能使峰值强度降低。因此，在同一温度条件下，地热储层应力场是储层岩石强度变化的重要因素。

对于赋存不同应力场的花岗岩，温度对其峰值强度有明显的影响。温度为

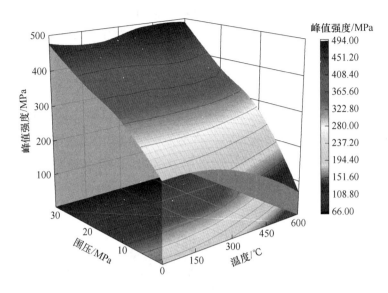

图 5-4　不同围压下热损伤花岗岩峰值强度的变化

25~150 ℃时，花岗岩单轴强度略微降低可以忽略不计，温度继续升高导致峰值强度开始明显降低。同一围压条件下，当温度低于 450 ℃时，岩石试样峰值强度变化不大；当温度超过 450 ℃时，岩石试样峰值强度略有降低。这是因为随着温度的升高，岩石内部矿物颗粒发生膨胀导致颗粒之间的距离缩小，增加了他们之间的相互作用力和胶结强度，但是遇水冷却后，矿物颗粒急剧收缩，导致岩石内部结构恢复原状甚至存在微裂隙。随着温度进一步升高，具有不同导热特性和变形特性的结晶颗粒发生不协调变形，并优先在颗粒边界处断裂，致使岩石强度降低。但是围压作用会增加岩石内部颗粒之间的摩擦力和锁固力，致使由热损伤产生的微裂隙发生闭合，所以在一定程度上会增加岩石峰值强度。而当温度为450~600 ℃时，石英颗粒发生相态变化使得岩石内部的微裂隙数量突增，并且出现穿晶微裂隙，围压效应不再占据主导作用，所以峰值强度会有所降低。该结论与文献［33］试验结果较为一致，但是文献中进行力学试验的试样是经过自然冷却作用的不同受热温度岩石，而经过遇水冷却的不同受热温度岩石力学行为鲜有研究。根据本书研究可知，在自然冷却状态下的岩石强度要高于遇水冷却状态下的岩石强度，并且当花岗岩温度相对较低时，自然冷却状态下的花岗岩出现的初始硬化现象不明显。所以仅仅依据自然冷却状态下的岩石行为评估地热开采过程中储层岩石强度的变化是不够准确的，可能会高估储层岩石的强度。

　　弹性模量是岩石的重要力学参数，可以用来描述岩石的脆性特征。因此，在不同围压下，利用弹性模量来评估热损伤岩石的脆性特征。图 5-5 表明了在不同围压下热损伤花岗岩试样弹性模量的变化情况，由图可以看出：在所施加的围压范围内，与围压相比温度对花岗岩弹性模量的影响更加明显。这主要是因为温度升高能够诱发岩石内部微裂隙的发展，增加微裂隙密度，从而劣化岩石脆性特征。与以往研究不同的是，在相对较低温度范围内的岩石试样弹性模量没有因颗粒膨胀和孔隙减小而增加。这主要受冷却方式的影响，遇水冷却会使不同受热温度岩石产生较多劈裂裂隙，降低岩石试样的弹性模量，很显然这部分的影响要大于颗粒膨胀和孔隙减小产生的硬化效应。随着围压的增加，不同温度下的花岗岩试样弹性模量有所增加，但是增加速率逐渐减小。Klein 等人[181]认为在这种现象中存在围压阈值，在 120 MPa 以内观察到的应变硬化行为被确定为"准脆性"行为。

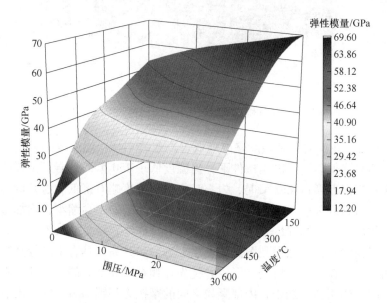

图 5-5   不同围压下热损伤花岗岩弹性模量的变化

5.2.3   基于声发射技术的热损伤花岗岩特征应力确定方法

当花岗岩受到荷载作用而发生变形或破坏时，岩石首先会进行能量的积累。随着荷载的增加，岩石内部会产生微裂隙，同时积累的能量以弹性波的形式释放，从而形成振铃计数。声发射监测是一种常见的岩石破裂监测方法，对岩石不会产生损伤，可以准确监测热损伤岩石在静荷载作用过程中的损伤程度[182]。脆性岩石的损伤主要体现在微裂隙的萌生、发育和扩展的过程[183]。

Wong 等人[184]认为，岩石内部局部应力的集中导致微裂隙的形成，微裂隙密度随着偏应力的增加而增加，当应力达到峰值时，岩石试样完全贯通，这些破坏过程会伴随着剧烈的声发射事件。声发射探头安置在压力缸内部，能够与岩石试样完全耦合，与外界环境隔音较好，可以清楚地识别出声发射事件[185]。因此，声发射技术被用于研究不同围压条件下热损伤花岗岩的渐进破裂行为。在裂隙扩展过程中，随着岩石试样轴向荷载的逐渐增加，岩石内部原生裂纹发生闭合，伴有少量的声发射事件。原生裂纹完全闭合之后进入裂隙稳定扩展阶段，该阶段发生的声发射事件比较均匀。随着轴向荷载的进一步增加，累计声发射事件数呈指数增长，体积应变曲线开始转向，表明裂隙进入不稳定扩展阶段，岩石接近完全破坏状态。因此，不同围压作用下的岩石试样裂隙闭合应力、裂隙起裂应力和裂隙损伤应力可以通过声发射事件数和体积应变进行确定，如图5-6所示。裂隙闭合应力 σ_{cc} 标志着累计声发射事件数随应力的增加开始呈线性变化，原生裂纹已经完全闭合；裂隙起裂应力标志着累计声发射事件数与偏应力的关系开始偏离线性增长，微裂隙开始稳定扩展；裂隙损伤应力标志着声发射事件数开始剧烈增加，累计声发射事件数呈指数变化[159]。

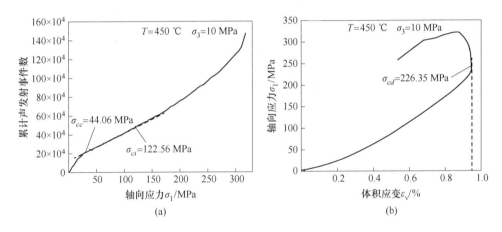

图 5-6　基于声发射技术的花岗岩特征应力

（a）轴向应力与累计声发射事件；（b）体积应变与轴向应力

依据表 5-1 数据，通过对比不同围压下热损伤花岗岩的裂隙闭合应力 σ_{cc}、裂隙起裂应力 σ_{ci} 和裂隙损伤应力 σ_{cd} 分别与其峰值应力 σ_c 的比值，可以分析温度和围压对岩石试样裂隙扩展的影响。图 5-7 展示了不同围压和温度作用下岩石试样特征应力与峰值应力的比值变化关系，对比分析热冲击花岗岩受到荷载作用下不同阶段的演化规律。

由图 5-7 可知，围压对原生微裂纹和新生微裂隙的扩展具有抑制作用，裂隙特征应力随围压的增加而增加。温度为 25～600 ℃，随着围压的增加，可以得到四种演化关系：微裂隙闭合阶段略微增加、线弹性阶段逐渐增加、裂隙稳定扩展阶段减少和裂隙不稳定扩展阶段增加。裂隙起裂应力随着围压的增大而逐渐增大，这是因为低围压对岩石微裂隙扩展的抑制作用有限，岩石试样在低围压下表现为脆性破坏。随着围压的增大，围压对微裂隙的抑制作用增强，岩石试样变为准脆性破坏。关于温度效应，温度升高会导致微裂隙闭合阶段缓慢增加、线弹性阶段逐渐减小、裂隙稳定扩展阶段先增大而后减少和裂隙不稳定扩展阶段增加。裂隙闭合应力和损伤应力的变化取决于岩石微裂隙的演化，另外围压对微裂隙的抑制效应能够影响裂隙起裂应力的比值。围压为 30 MPa 时，温度从 25 ℃升高到 150 ℃和 300 ℃时，裂隙起裂应力比值分别增加了约 5.66% 和 7.55%。温度继续升高到 450 ℃时，裂隙起裂应力比值降低了约 28.07%。这意味着在相对较低的温度下，微裂隙的扩展可能会受到裂隙尖端热致塑性机制的控制，并通过岩石基质膨胀增加颗粒间胶结强度。然而，温度的进一步升高会产生大量微裂隙，并导致晶界裂隙张开度变大，从而形成早期的裂隙损伤。此外，在围压的作用下，微裂隙的扩展受到抑制，导致在较高围压下裂隙损伤应力比值的增量相对较低。

表 5-1 不同围压下热损伤花岗岩特征应力

温度 /℃	围压 /MPa	裂隙闭合应力 /MPa	裂隙起裂应力 /MPa	裂隙损伤应力 /MPa	峰值应力 /MPa
25	0	21.5	105.25	172.45	216.44
	10	35.56	162.98	258.68	329.94
	20	46.32	201.56	305.58	395.24
	30	58.03	253.66	348.30	476.55
150	0	24.34	107.81	158.32	212.93
	10	40.16	186.81	256.61	326.35
	20	45.27	220.52	284.48	396.89
	30	52.51	258.6	318.16	468.23
300	0	23.54	97.57	138.49	185.79
	10	38.88	165.2	225.65	305.19
	20	48.06	208.53	268.90	394.59
	30	61.05	270.36	330.02	470.56
450	0	19.74	55.16	105.64	147.39
	10	44.06	122.56	226.35	291.59
	20	58.21	162.38	280.36	416.22
	30	72.28	202.36	332.98	491.17
600	0	12.74	22.67	42.99	67.8
	10	52.03	92.69	172.58	273.86
	20	72.36	127.56	231.62	390.68
	30	96.56	172.36	298.65	488.23

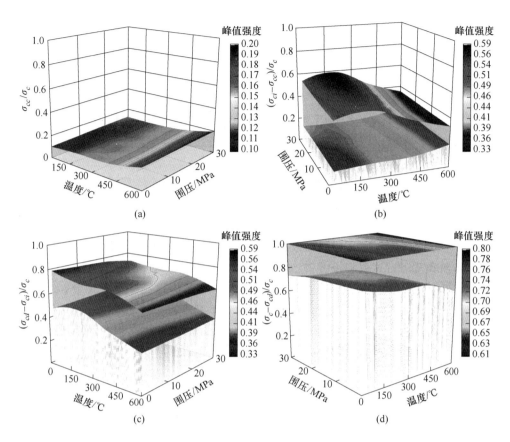

图 5-7 不同围压和温度作用下岩石特征应力与峰值应力比值变化关系
(a) 微裂隙闭合阶段；(b) 线弹性阶段；(c) 微裂隙稳定扩展阶段；(d) 微裂隙不稳定扩展阶段

5.2.4 温度对热损伤花岗岩抗剪强度参数的影响

图 5-8 为不同温度作用下花岗岩试样峰值强度随围压增加的变化情况，随着围压的增加，峰值强度逐渐升高，说明围压对微裂隙的发育起抑制作用，裂隙的起裂应力和损伤应力显著提高。岩石试样破坏前，内部会聚集较多的应变能，一旦裂隙开始发育，扩展速度相对较快。Mohr-Coulomb 准则认为：岩石的破坏主要是剪切破坏，岩石的强度等于岩石本身抗剪切摩擦的黏聚力和剪切面上法向力产生的摩擦力，故剪切强度准则为：

$$\tau = c + \sigma_n \tan\varphi \tag{5-1}$$

式中，τ 为剪切面上的剪应力，MPa；σ_n 为剪切面上的正应力，MPa；c 为黏聚力，MPa；φ 为内摩擦角，(°)。

c 和 φ 与岩石自身材料性质有关，τ 和 σ_n 可以用 σ_1、σ_3 表示，表达式为：

$$\sigma = \frac{1}{2}(\sigma_1 + \sigma_3) + \frac{1}{2}(\sigma_1 - \sigma_3)\cos 2\varphi \tag{5-2}$$

$$\tau = \frac{1}{2}(\sigma_1 - \sigma_3)\sin 2\varphi \tag{5-3}$$

将式（5-2）和式（5-3）代入式（5-1），得到 σ_1 和 σ_3 之间的线性关系：

$$\sigma_1 = \frac{1 + \sin\varphi}{1 - \sin\varphi}\sigma_3 + \frac{2c\cos\varphi}{1 - \sin\varphi} \tag{5-4}$$

利用三角函数将式（5-4）转化为：

$$\sigma_1 = \frac{1 + \sin\varphi}{1 - \sin\varphi}\sigma_3 + \frac{2c\cos\varphi}{1 - \sin\varphi} = \tan^2\left(\frac{\pi}{2} + \varphi\right)\sigma_3 + \sigma_c \tag{5-5}$$

$$\sigma_c = 2c\tan\left(\frac{\pi}{2} + \varphi\right) \tag{5-6}$$

式中，σ_1 为轴向应力，MPa；σ_3 为围压，MPa；σ_c 为峰值抗压强度，MPa。

热损伤花岗岩抗剪强度参数（内摩擦角和黏聚力）对岩体稳定性有很大的影响，可以根据 Mohr-Coulomb 强度线进行计算，对图 5-8 进行线性拟合，获得的线性拟合参数如表 5-2 所示。依据 Mohr-Coulomb 强度准则，仅考虑每个温度条件下的线性部分（表 5-2）。通过式（5-4）进行最小二乘法计算得到不同受热温度的花岗岩试样的黏聚力 c 和 φ 内摩擦角，如图 5-9 所示。

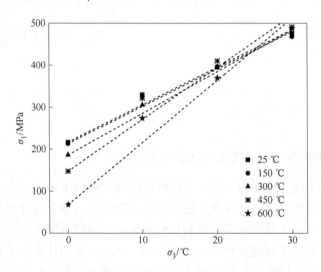

图 5-8　不同温度下花岗岩峰值强度随围压的变化

表 5-2　不同温度花岗岩峰值强度线性拟合参数

温度/℃	截距/MPa	斜率	R^2/%
25	216.94	9.94	99.88
150	212.93	8.91	99.86

续表 5-2

温度/℃	截距/MPa	斜率	$R^2/\%$
300	185.79	9.94	99.87
450	147.39	12.37	99.34
600	67.80	14.79	99.13

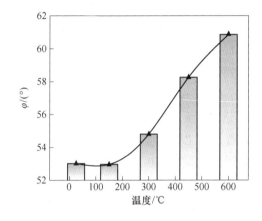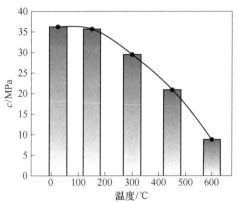

图 5-9 花岗岩试样内摩擦角和黏聚力随温度的变化

图 5-9 为热损伤花岗岩试样的抗剪强度参数随温度升高的变化情况。内摩擦角在 150 ℃之前保持在 53°上下浮动，随后温度升高整体呈增长趋势（52.96°~60.85°）。岩石内部矿物颗粒之间的摩擦接触会随着岩石微结构的改变而改变。在相对较低的温度下（25~150 ℃），岩石微结构的改变对颗粒接触的影响较小，内摩擦角相对稳定。温度超过 150 ℃以后，内摩擦角随着温度的升高而明显增加，这可能是由于矿物颗粒中的热诱导能量增加了其对外部变形的抵抗能力。由图可知，当温度由 25 ℃升高到 150 ℃，黏聚力从 36.20 MPa 降到 35.66 MPa。随着温度进一步升高，黏聚力逐渐呈快速下降趋势。150 ℃的花岗岩试样黏聚力几乎没有受到温度的影响，证实了岩石矿物颗粒的适当膨胀能够抑制微裂隙的扩展，提高颗粒之间的胶结程度。随着温度继续升高，矿物颗粒的持续膨胀，但是矿物颗粒具有不同的热膨胀系数和弹性模量，颗粒之间会产生不协调的变形。Wong 等人[186]认为，这种不协调变形使得颗粒之间产生热应力。随着温度升高，热应力会诱导岩石内部热裂隙的产生，这也是黏聚力降低的主要因素。

5.3 热损伤花岗岩强度准则

虽然图 5-8 中不同温度花岗岩峰值强度与围压之间线性拟合较好，拟合系数都接近 1.0，但从图中散点数据分布情况来看，随着围压的增加，峰值强度曲线增长率越来越小。对于热损伤花岗岩来说，岩石强度随着围压的增加而增加。在低围压下，岩石强度的增加率较高；而在高围压下，岩石强度的增加率降低，这与前人的研究结论较为一致[187,188]。这是因为在轴向荷载作用下，低围压的岩石试样具有较高的膨胀势能，导致微裂隙能够很快扩展发育，产生较大的内摩擦角；而对于高围压的岩石试样，这种膨胀势能和微裂隙的扩展被抑制，导致在较高围压下产生较低的内摩擦角。因此，随着围压的增加，岩石破坏机制由脆性向延性转变，从而改变了 Mohr-Coulomb 强度包络线的变化趋势。Barton 等人[189]认为，当围压增加到一定临界值时，Mohr-Coulomb 强度包络线的形状不再发生变化，岩石抗剪强度不再增加。对于热损伤花岗岩，岩石内部存在较多的微裂隙，则 Barton[189]提到的临界围压值会与常温岩石不同。随着围压的增加，热损伤花岗岩试样峰值强度与围压的关系曲线逐渐趋于非线性，这种非线性关系对经过相对较高温度的热损伤岩石试样表现得更加显著，这主要受温度变化引起的微裂隙发育影响。随着温度的升高，岩石微裂隙得到快速发育和扩展，微裂隙数量的快速增加使得围压对微裂隙扩展的抑制作用更明显，导致岩石内摩擦角变化显著。对于围压相同的热冲击花岗岩，岩石试样温度越高，Mohr-Coulomb 强度包络线变化越明显。因此，Mohr-Coulomb 强度准则可能不适用于热损伤花岗岩强度破坏判据条件，需要在 Mohr-Coulomb 强度准则基础上找到完善于热损伤花岗岩的强度准则。

5.3.1　热损伤花岗岩强度准则表达式

首先根据热损伤花岗岩在三轴应力条件下的 σ_1-σ_3 关系曲线，推导了可以更好判断热损伤花岗岩强度破坏情况的热损伤花岗岩强度准则，以减小对岩石强度预测存在的误差，如图 5-10 所示。Mohr-Coulomb 强度准则用式（5-4）表示，如果将表达式中的抗剪强度参数 c 和 φ 值用初始围压（10 MPa）的 σ_1-σ_3 关系曲线确定，那么相对应的 Mohr-Coulomb 强度准则参数可以分别用 c_0 和 φ_0 来表示。

在高温作用下，热损伤岩石强度与围压的关系实际是非线性的。假设在一定的围压下，Mohr-Coulomb 强度准则与热损伤花岗岩强度准则产生的应力差为 $\lambda\sigma_3^2$。应力差 $\lambda\sigma_3^2$ 是由不同温度岩石试样的三轴压缩试验数据多次拟合得到的，并且拟合效果较好。因此，热损伤花岗岩强度准则可以表示为：

$$\sigma_1 = \frac{1 + \sin\varphi_0}{1 - \sin\varphi_0}\sigma_3 + \frac{2c_0\cos\varphi_0}{1 - \sin\varphi_0} - \lambda\sigma_3^2 \tag{5-7}$$

式中，c_0 为初始围压作用下的黏聚力，MPa；φ_0 为初始围压作用下的内摩擦角，（°）；λ 为非线性系数，与岩石材料有关。

在热损伤花岗岩强度准则中，剪切强度参数 c_0 和 φ_0 是由三轴试验的初始围

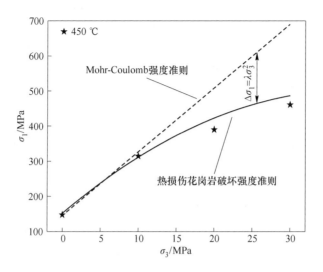

图 5-10 热损伤花岗岩强度准则

压与强度关系确定的, 其计算方法与 Mohr-Coulomb 强度准则相同。由于热损伤花岗岩内部存在较多的微裂隙, 相对于高围压条件这些微裂隙在低围压作用下会迅速扩展, 产生较大的内摩擦角。

5.3.2 非线性系数 λ 的确定

非线性系数 λ 由岩石试样本身材料决定, 而通过前文的讨论得出: 温度能够改变岩石物理力学性质和岩石内部微观结构。假设非线性系数受热处理温度的影响, 计算出不同温度作用下花岗岩试样的 c_0 和 φ_0 值, 借助临界围压概念进行讨论[189], 即围压增加到临界围压时, 岩石强度不再增加。假设热损伤花岗岩试样存在临界围压, 那么热损伤花岗岩强度准则满足:

$$\frac{\partial \sigma_1}{\partial \sigma_3} \to 0, \sigma_3 \to \sigma_{cr} \tag{5-8}$$

式中, σ_{cr} 为临界围压。

对式 (5-7) 进行求导, 可得:

$$\frac{\partial \sigma_1}{\partial \sigma_3} = \frac{1 + \sin\varphi_0}{1 - \sin\varphi_0} - 2\lambda\sigma_3 \tag{5-9}$$

将式 (5-8) 代入式 (5-9), 可得:

$$\lambda = \frac{1 + \sin\varphi_0}{2\sigma_{cr}(1 - \sin\varphi_0)} \tag{5-10}$$

则热损伤花岗岩强度准则可以表示为:

$$\sigma_1 = \frac{1 + \sin\varphi_0}{1 - \sin\varphi_0}\sigma_3 + \frac{2c_0\cos\varphi_0}{1 - \sin\varphi_0} - \frac{1 + \sin\varphi_0}{2\sigma_{cr}(1 - \sin\varphi_0)}\sigma_3^2 \tag{5-11}$$

$$\sigma_1 = \sigma_c + \frac{1 + \sin\varphi_0}{1 - \sin\varphi_0}\sigma_3 - \frac{1 + \sin\varphi_0}{2\sigma_{cr}(1 - \sin\varphi_0)}\sigma_3^2 \tag{5-12}$$

式中，$\sigma_c = \dfrac{2c_0\cos\varphi_0}{1 - \sin\varphi_0}$。

式（5-12）的适用条件是 $\sigma_3 \leqslant \sigma_{cr}$，而当 $\sigma_3 = \sigma_{cr}$ 时，岩石强度 σ_1 达到最大值。即使围压 σ_3 继续增加，岩石强度 σ_1 也不会再变化，稳定在最大值：

$$\sigma_{1-\max} = \sigma_c + \frac{1 + \sin\varphi_0}{2(1 - \sin\varphi_0)}\sigma_{cr} \tag{5-13}$$

热损伤花岗岩强度准则中的两个准则参数 σ_c 和 φ_0，可以通过岩石试样的力学试验确定。关于临界围压的确定，Singh 等人[190]借助文献中的三轴试验数据对临界围压进行反演，基于 201 个完整岩石的三轴试验数据，建立了三轴试验数据库，并且编写计算机程序用来确定 σ_{cr}。结果表明：根据对岩石强度预测的适用性，临界围压 σ_{cr} 的近似值等于峰值抗压强度 $\sigma_c(\sigma_3 = 0~\text{MPa})$。但是这个观点与实际试验数据有很大出入，李斌等人[191]将岩石是否达到临界状态和临界围压是否等峰值抗压强度 $\sigma_c(\sigma_3 = 0~\text{MPa})$ 分为四类：围压与 σ_c 相近时进入临界状态；围压不等于 σ_c 时进入临界状态；围压不超过 σ_c 时未进入临界状态；围压超过 σ_c 时未进入临界状态。本书岩石试样为花岗岩，与文献 [190] 均不相同，而且热损伤花岗岩的强度相较完整岩石强度来讲要低很多，并且力学性质也发生了很大的改变，所以本文试样的临界围压很可能不等于自身单轴抗压强度。假设热损伤花岗岩试样的 σ_{cr} 等于 $\eta\sigma_c$，热损伤花岗岩强度准则表示为：

$$\sigma_1 = \sigma_c + \frac{1 + \sin\varphi_0}{1 - \sin\varphi_0}\sigma_3 - \frac{1 + \sin\varphi_0}{2\eta\sigma_c(1 - \sin\varphi_0)}\sigma_3^2 \tag{5-14}$$

式中，η 为临界围压系数，与岩石材料有关。

本文探讨的热损伤花岗岩强度准则表达式中 σ_c 和 φ_0 参数通过单轴和三轴岩石力学试验确定；临界围压系数 η 需要对热损伤花岗岩的三轴试验数据进行最小二乘法拟合确定。表 5-1 给出了热损伤花岗岩三轴试验结果，包含围压为 0 MPa 的 20 个数据点，通过不同温度的试验数据进行强度准则表达式的拟合。

图 5-11 为热损伤花岗岩强度准则适用性情况。从表 5-3 可以看出，不同温度的岩石试样准则参数不同，参数变化趋势与之前的讨论结果较为一致。对比每个温度段岩石试样的拟合情况可以看出，与 Mohr-Coulomb 强度准则相比，温度越高的岩石试样拟合效果越好。因为温度为 25 ~ 150 ℃时，花岗岩试样内部微裂纹较少，与相对不同受热温度状态的岩石相比强度要大很多，所以 Mohr-Coulomb 强度准则不适用于经过热损伤的花岗岩。换句话说，为了获得相对高温状态花岗岩的真实强度，如果使用 Mohr-Coulomb 强度准则，则会对其强度产生过高的预

期。故本书对 150 ℃以上的花岗岩强度准则参数进行讨论，并确定非线性系数和强度准则表达式。

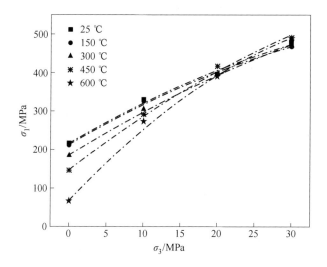

图 5-11　热损伤花岗岩强度准则

表 5-3　不同温度的拟合参数

温度/℃	σ_c/MPa	φ_0/°	η	强度准则表达式
25	216.44	56.94	0.28	$\sigma_1 = \sigma_c + 11.35\sigma_3 - \dfrac{11.35}{2\eta\sigma_c}\sigma_3^2$
150	212.93	56.92	0.28	$\sigma_1 = \sigma_c + 11.34\sigma_3 - \dfrac{11.34}{2\eta\sigma_c}\sigma_3^2$
300	185.79	57.72	0.40	$\sigma_1 = \sigma_c + 11.94\sigma_3 - \dfrac{11.94}{2\eta\sigma_c}\sigma_3^2$
450	147.39	75.25	0.46	$\sigma_1 = \sigma_c + 14.42\sigma_3 - \dfrac{14.42}{2\eta\sigma_c}\sigma_3^2$
600	67.80	65.16	0.69	$\sigma_1 = \sigma_c + 11.35\sigma_3 - \dfrac{11.35}{2\eta\sigma_c}\sigma_3^2$

在岩石力学领域，通常岩石受到的围压越高，岩石强度会越大。但是对于热损伤花岗岩而言，这种情况只能限定在临界围压范围内，超过临界围压岩石强度将不再发生变化。临界围压的确定对于岩石强度准则具有重要意义，用临界围压系数来表示不同温度作用下，岩石临界围压的变化情况。图 5-12 表示了不同温度作用下，岩石试样临界围压系数 η 随温度升高的变化曲线。从图中可以看出临界围压系数 η 受温度影响显著，η 值随着温度升高先缓慢增大而后快速增大，整体呈指数函数变化。η 值随温度升高的变化趋势与热损伤岩石力学参数变化趋势相似，这说明试样 η 值的变化与岩石材料本身密切相关。因此，针对不同的种类

的岩石，$\lambda\sigma_3^2$ 随围压增加的非线性趋势也不相同。本文试验对象的 η 值与温度相关，表达式为：

$$\eta = 0.04\mathrm{e}^{T/249.77} + 0.23 \qquad (5\text{-}15)$$

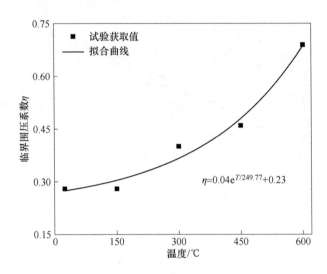

图 5-12   热损伤花岗岩临界围压系数

在 Mohr-Coulomb 强度准则的基础上引入非线性系数 λ 来表征岩石强度随围压增加的非线性特征，本书利用临界围压系数 η 来表示不同温度作用下岩石试样临界围压的不同特征，最后得到不同温度花岗岩遇水冷却后强度随温度变化的表达式：

$$\sigma_1 = \sigma_c + \frac{1 + \sin\varphi_0}{1 - \sin\varphi_0}\sigma_3 - \frac{1 + \sin\varphi_0}{2(0.04\mathrm{e}^{T/249.77} + 0.23)\sigma_c(1 - \sin\varphi_0)}\sigma_3^2 \qquad (5\text{-}16)$$

5.4   不同强度准则试验验证

在温度作用下，热损伤花岗岩内部存在较多的热破裂现象，热处理温度越高岩石热破裂越明显。针对裂隙和破裂岩体的破坏，HoeK 和 Brown 在 1980 年提出了 HoeK-Brown 强度准则，针对完整岩石的 HoeK-Brown 强度准则表达式为：

$$\sigma_1 = \sigma_3 + \sqrt{m_H\sigma_c\sigma_3 + \sigma_c^2} \qquad (5\text{-}17)$$

式中，m_H 为 HoeK-Brown 准则参数，与岩石材料有关。

将本书探讨的热损伤花岗岩强度准则与 Mohr-Coulomb 强度准则和 HoeK-Brown 强度准则进行比较。首先选取不同温度花岗岩试验数据中前三个围压的试验结果，包括岩石的单轴试验数据和两次三轴试验数据（10 MPa 和 20 MPa），如表5-1和表5-4所示。然后通过这三个数据点获得强度准则的拟合参数，使用这些参数来确定强度准则表达式。最后用三种不同强度准则来预测热损伤后的高围压花岗岩强度，将强度预测结果与试验值进行了比较。

5.4.1 试验数据选取

对于目前的分析，温度和围压均会对岩石强度造成影响。为了提高三种强度准则对比分析的准确性，本书选取了两组试验数据，一组为本研究中 450 ℃ 花岗岩试样的三轴试验数据，如表5-1所示；另一组为文献［119］中 750 ℃ 花岗岩试样的三轴试验数据，如表5-4所示。

表5-4 750 ℃花岗岩三轴试验数据[119]

σ_3/MPa	0	10	20	30	40
σ_c/MPa	6.40	156.30	256.90	349.30	410.50

5.4.2 拟合参数获取

通过两组试验数据中的相对低围压（0 MPa、10 MPa 和 20 MPa）获取三种强度准则的拟合参数。针对第一组试验数据（表5-1）的前三个数据点，分别获取了 Mohr-Coulomb 强度准则、HoeK-Brown 强度准则和热损伤花岗岩强度准则的拟合参数：σ_c 为 147.39 MPa；φ 为 60.32°；m_H 为 47.46；φ_0 为 63.27°；η 为 0.46。利用以上拟合参数分别确定的三种强度准则表达式为：

$$\sigma_1 = \sigma_c + 14.24\sigma_3 \tag{5-18}$$

$$\sigma_1 = \sigma_3 + \sqrt{47.46 \times \sigma_c\sigma_3 + 21723.81} \tag{5-19}$$

$$\sigma_1 = \sigma_c + 14.42\sigma_3 - \frac{14.42}{2 \times 0.46\sigma_c}\sigma_3^2 \tag{5-20}$$

针对第二组试验数据（表5-4）的前三个数据点，分别获取了 Mohr-Coulomb 强度准则、HoeK-Brown 强度准则和热损伤花岗岩强度准则的拟合参数：σ_c 为 6.40 MPa；φ 为 59.02°；m_H 为 492.24；φ_0 为 61.04°；η 为 9.76。利用以上拟合参数确定的三种强度准则表达式分别为：

$$\sigma_1 = 6.40 + 13.02\sigma_3 \tag{5-21}$$

$$\sigma_1 = \sigma_3 + \sqrt{492.24 \times 6.4\sigma_3 + 40.96} \tag{5-22}$$

$$\sigma_1 = 6.4 + 14.99\sigma_3 - \frac{14.99}{2 \times 9.76\sigma_c}\sigma_3^2 \tag{5-23}$$

5.4.3 计算结果对比

图 5-13 为分别利用三种强度准则对不同温度（450 ℃、750 ℃）和不同围压

（30 MPa、40 MPa）的花岗岩强度计算结果。由图 5-13（a）和图 5-13（b）可以看出：Mohr-Coulomb 强度准则高估了花岗岩强度。在图 5-13（a）中，围压为 30 MPa 时，存在 16.98% 的过高预测；在图 5-13（b）中，围压为 30 MPa 和 40 MPa 时，分别存在 13.66% 和 28.43% 的过高预测。由图 5-13（a）可以看出，HoeK-Brown 强度准则高估岩石强度的情况，预测值比试验值高了 20.06 MPa；而在图 5-13（b）中，却表现出低估岩石强度的情况，预测值分别比试验值低了 11.81 MPa 和 15.46 MPa。值得注意的是，根据本书推导的热损伤花岗岩强度准则计算的岩石强度与图 5-13 中的试验值基本吻合，误差均远小于 Mohr-Coulomb 强度准则和 HoeK-Brown 强度准则。

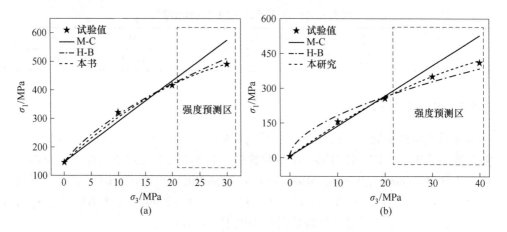

图 5-13　三种强度准则强度预测比较
（a）本书 450 ℃ 花岗岩试样；（b）文献 [119] 中 750 ℃ 花岗岩试样

　　因此，本书推导的强度准则可以用来预测热冲击花岗岩强度，文献 [119] 中的 750 ℃ 花岗岩冷却方式为自然冷却，可以等同于地热工程中未经过冷却的储层岩石；本书中 450 ℃ 花岗岩试样为遇水冷却，冷却方式与地热开采过程相似，热损伤花岗岩强度准则可以准确预测两种冷却方式下试样强度，可以表明准则能够作为地热工程中储层岩石的强度破坏判据，并以此来预测不同围压下热冲击花岗岩的强度。

5.5　本 章 小 结

　　本章通过对不同围压（0 MPa、10 MPa、20 MPa、30 MPa）和不同温度（25 ℃、150 ℃、300 ℃、450 ℃ 和 600 ℃）作用下的花岗岩进行常规三轴试验，分析围压和温度对花岗岩应力-应变关系、峰值强度、弹性模量、内摩擦角及黏聚力的影响，完善了适用于高温高应力花岗岩的非线性强度准则，主要结论如下：

（1）围压对热损伤花岗岩微裂隙的发育具有抑制作用，岩石峰值强度随围压的增加而逐渐增大。同一围压条件下，温度低于450 ℃时，岩石强度几乎不发生变化，温度高于450 ℃时，岩石强度开始减小；同一温度条件下，随着围压的增加，热损伤花岗岩弹性模量逐渐增加，但增加速率逐渐较小。

（2）基于累计声发射事件数确定热损伤花岗岩的特征应力，随着围压的增加，微裂隙闭合阶段增加、线弹性阶段增加、裂隙稳定扩展阶段减少、裂隙不稳定扩展阶段增加。随着温度升高，微裂隙闭合阶段缓慢增加、在线弹性阶段减小、在裂隙稳定扩展阶段先增大而后减少、裂隙不稳定扩展阶段增加。

（3）基于 Mohr-Coulomb 强度准则，发现内摩擦角随温度升高逐渐增大，黏聚力随温度升高逐渐减小，并引入了非线性系数 λ，完善了适用于高温高应力花岗岩的非线性强度准则，讨论了系数 λ 的物理意义，可以用单轴抗压强度 σ_c 和临界围压系数 η 表示，明确了花岗岩临界围压系数随温度的指数增长规律。

6 地热储层应力场分布及强度破坏区域演化研究

随着人们对能源需求的日益增长，地热能源的开发在发达国家已经开始了迅猛发展，但是在地热开发过程中也暴露了许多安全问题。我国国土幅员辽阔，而西南地区受印度洋板块挤压影响，存在大规模的地热资源异常区。西藏羊八井地热工程是该地区最为典型的地热系统，并且羊八井地热田分布着许多断层，形成了"断层裂缝"型导水通道，为地热储层的换热提供了有利的天然条件[192]。为了保证我国地热资源的安全高效开采，本章对地热开采引起的储层应力场扰动和岩石强度破坏展开研究。

冷却水与高温储层岩石通过天然裂缝进行换热的过程中，冷却水会使高温岩石产生热破裂现象，需要深入了解高温岩石的热破裂现象对地热开采产生的显著影响。通过热冲击花岗岩遇水冷却的室内试验发现：高温岩石在地热开采过程中，物理力学性质会发生一系列变化。储层岩石在温度为 450~600 ℃ 之间存在温度阈值，物理力学性质发生阶跃式变化。有关不同受热温度岩石物理力学性质变化对地热开采影响的研究尚不完善，多数研究是将不同受热温度岩石的热物理特性作为定值进行数值模拟研究。本章以羊八井地热系统为工程案例，基于地热田的地质结构和开采方案建立储层模型，结合室内试验获得的理论成果，并将前面所完善的热损伤花岗岩强度准则嵌入数值模型中，旨在分析地热系统开采过程中储层应力场的分布和破坏区域的演化，讨论天然裂缝破裂压力随应力分布的变化规律。

6.1 羊八井地热系统工程概况

西藏羊八井地热田位于拉萨市西北当雄县，处在念青唐古拉山和前羊八井断陷盆地的中部，海拔 4.3 km。根据地球物理勘探结果发现：羊八井地热田深部 13~22 km 处存在处于熔融状态的岩浆囊，岩浆囊的最外层温度高达 500 ℃，地热储层为花岗岩，地温梯度约 4.5 ℃/100 m，属于高品位的高温地热资源[192]。目前，羊八井地热田开采的是浅部热水资源，深部岩体的地热资源开采是羊八井地热系统的未来开采方向。

图 6-1 为当雄-羊八井盆地地壳结构及纵剖面图，从图中可以看出羊八井地

热系统位于当雄-羊八井盆地，该盆地位于念青唐古拉山脉东南侧，总体呈东北走向。当雄-羊八井盆地与念青唐古拉山呈阶梯状相连，盆地走向受断层伸展控制。从念青唐古拉山到当雄-羊八井盆地共形成了五个大型阶梯式断层，断层距离地表的深度随着当雄-羊八井盆地走向逐渐增加。F1 断层位于念青唐古拉山与当雄-羊八井盆地之间，沿当雄-羊八井盆地中央依次分布为 F2、F3、F4、F5 断层[193]。

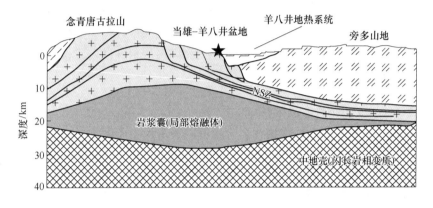

图 6-1　当雄-羊八井盆地地壳结构及纵剖面图[192]

6.2　羊八井地热系统数值模型

增强型地热系统（EGS）是一种工业化的深部高温岩石换热系统，该系统能够对深部可再生地热资源进行大规模开发。然而，在广泛应用 EGS 系统之前，需要详细了解高温岩石在换热过程中发生的应力场变化。EGS 系统通过大量冷媒介质与高温岩石换热以达到开采热能的目的，同时需要尽量减小对储层应力场的扰动。因此，通过数值模拟手段建立 EGS 系统模型，以模拟储层岩石地热能的提取过程，分析储层温度场和应力场的变化规律，为地热系统设计提供指导。

目前，国内外许多学者建立了 EGS 数值模型来模拟地热的开采过程，重点是 THM 耦合过程，如岩体温度场变化、储层渗流场和储层岩石变形问题[194]。本书以羊八井地热系统为工程背景，借助羊八井地热田的天然裂缝来连接注入井和生产井，增加换热系统的渗透性能，形成借助天然裂缝为换热通道的地热开采模式。通过文献［192］中提出的羊八井深部高温岩体地热开采方案进行地热井的设置，然后结合羊八井地热田地质结构建立数值模型。

6.2.1　模型假设条件

地热储层由岩石基质、天然裂缝和地热井组成，基于局部热平衡理论，建立相对应的地热开采 THM 耦合模型。本书在模型建立的过程中主要考虑多孔介质中的渗流、流体与岩石之间换热和岩石基质的固体力学问题。在本研究中，对 EGS 模型做出如下假设：

（1）岩石基质为具有均匀各向同性的等效连续多孔介质；

（2）储层天然裂缝的渗透率要远高于岩石基质；

（3）注入井是系统中的唯一输入，生产井是系统中的唯一输出；

（4）岩石基质与循环流体之间存在局部热平衡，传热过程遵循傅里叶定律；

（5）循环流体为多孔介质内的单相饱和水流，流体流动条件遵循达西定律；

（6）循环流体和岩石基质的物理性质为温度的函数。

6.2.2　模型控制方程

6.2.2.1　多孔介质渗流方程

多孔介质中流体流动的质量守恒方程可以表示为：

$$\frac{\partial}{\partial t}(\rho_w \varphi_P) + \nabla \cdot (\rho_w v_w) = -Q_m - \rho_w \alpha_B \frac{\partial \varepsilon_v}{\partial t} \tag{6-1}$$

式中，φ_P 为孔隙度；v_w 为达西速度，m/s；ε_v 为储层岩石体积应变,%；Q_m 为岩石基质和储层裂缝之间的质量传递；ρ_w 为流体密度，kg/m^3；α_B 为 Biot-Willis 系数，由岩石体积模量决定[195]。

$$\alpha_B = 1 - \frac{K_d}{K_s} \tag{6-2}$$

式中，K_s 为岩石基质的体积模量，Pa；K_d 为循环流体体积模量，Pa。

$$v_w = -\frac{k_m}{\mu_w}(\nabla p_w + \rho_w g \nabla z) \tag{6-3}$$

式中，k_m 为渗透率，m^2，μ_w 为动力黏度，Pa·s；p_w 为流体压力，Pa。

$$\frac{\partial}{\partial t}(\rho_w \varphi) = \rho_w S_r \frac{\partial p}{\partial t} \tag{6-4}$$

式中，S_r 为储层的储集系数，Pa^{-1}。

6.2.2.2　多孔介质传热方程

在本研究中，假设岩石基质与循环流体之间存在局部热平衡，传热过程遵循傅里叶定律。能量守恒方程可以表示为：

$$(\rho C_p)_m \frac{\partial T}{\partial t} + \nabla \cdot (\rho_w C_{p,w} v_m T) - \nabla \cdot (\lambda_m \nabla T) = -Q_{f,E} \tag{6-5}$$

$$(\rho C_p)_m = (1-\varphi)\rho_s C_{p,s} + \varphi \rho_w C_{p,w} \tag{6-6}$$

$$\gamma_m = (1-\varphi)\gamma_s + \varphi \gamma_w \tag{6-7}$$

式中，T 为温度,℃；$C_{p,w}$ 为循环流体热容，J/(kg·K)；γ_w 为循环流体导热系数，W/(m·K)；$Q_{f,E}$ 为岩石基质与储层天然裂缝之间的交换热能，J；$(\rho C_p)_m$

为有效体积热容, $J/(kg \cdot K)$; ρ_s 为岩石密度, kg/m^3 ; $C_{p,s}$ 为岩石热容, $J/(kg \cdot K)$; γ_s 为岩石导热系数, $W/(m \cdot K)$ 。

6.2.2.3 力学变形方程

本书假设岩石基质为弹性体, 那么需要考虑流体流动产生的压力和热破裂造成的岩石变形。准静态条件下的线性平衡方程为:

$$\text{div}\sigma_0 + F = 0 \tag{6-8}$$

式中, F 为单位体积力, N/m^3 ; σ_0 为总应力张量, Pa 。

在孔隙内流体压力的作用下, 岩石基质的有效应力张量 σ_m 定义为:

$$\sigma_m = \sigma_0 + \alpha_B p I \tag{6-9}$$

式中, I 为二阶恒等式张量。

温度变化会引起的岩石热膨胀/收缩现象, 其线性热应变方程为:

$$\varepsilon_T = -\alpha_T(T - T_0) \tag{6-10}$$

式中, T_0 为岩石初始温度, ℃ ; α_T 为岩石线线膨胀系数, $℃^{-1}$ 。

岩石线热膨胀系数受体积膨胀系数的影响[196], 如式 (6-11) 所示。

$$\alpha_T = \frac{\beta_s}{3}I \tag{6-11}$$

式中, β_s 为体积热膨胀系数, $℃^{-1}$ 。

弹性岩石在热应力的作用下应力-应变关系为[197]:

$$\sigma_m = D_d\varepsilon - \beta_s K_d(T - T_0)I \tag{6-12}$$

式中, D_d 为弹性矩阵; K_d 为体积模量, GPa 。

$$K_d = \frac{E}{3(1 - 2\mu)} \tag{6-13}$$

式中, E 为弹性模量, GPa ; μ 为泊松比。

$$\varepsilon_x = \frac{1}{2}(\nabla\mu + \nabla\mu^T) \tag{6-14}$$

式中, ε_x 为线性应变张量; μ 为位移向量。

6.2.3 几何模型建立

羊八井地热系统主要是开采深部岩浆囊产生的热能, 开采过程以天然裂缝剪切滑移带作为地热储层, 通过布置竖直的注入井压入循环流体, 生产井抽采出换热后的流体。所以本书建立几何模型时, 仅考虑岩浆囊、地热井、天然裂缝的位置, 如图 6-2 所示, 模型长度为 45 km, 深度为 20 km。在模型上设置注入井、生产井, 井口直径设置为 216 mm。注入井井筒向下垂直贯穿 F1 ~ F5 断层, 井筒与 F1 断层的交点为注入井出口 (储层入口); 生产井 1 和生产井 2 为生产井与 F1 断层的相交点, 地表设置两个出口。

本研究借助 Comsol Multiphysics 多物理场数值模拟软件建立含天然裂缝的地

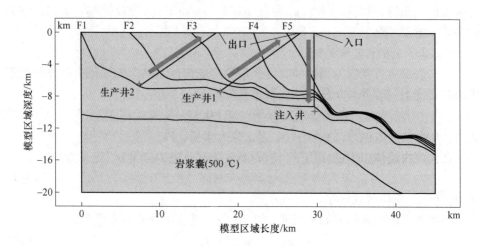

图 6-2　羊八井地热系统几何模型

热储层数值模型，模型中循环流体由注入井流入储层，与储层岩石发生换热后通过生产井抽出，储层岩石基质和天然裂缝等物理力学参数由表 6-1 可得。本研究主要使用固体力学、达西定律和多孔介质传热三个物理场，利用模型控制方程设置物理场。

固体力学物理场中有线弹性模型和裂缝模型，两个裂缝壁设置为一个接触对。在达西定律物理场设置多孔弹性存储域和裂隙流边界，利用能量守恒方程在多孔介质中进行传热求解，通过多孔弹性和热膨胀实现多物理场耦合。在时间步进中采用广义 α 方法[198]进行计算，以保证使用固体力学物理场时具有收敛性。为了在瞬态求解器的时间范围内获得研究解，需要进行研究解误差的预测。如果实际误差小于设定的误差，则进行下一个时间步计算，否则开始新的迭代。为了加快模型收敛速度，本书采用 Anderson 加速度法和自动（牛顿）法。

6.2.4　初始边界条件

地热开采过程中，循环流体由地表通过注入井穿过四个断层到达 F1 断层，在流体到达注入井底部之前吸收部分高温岩石的热量，导致温度略微升高。流体到达 F1 断层后开始通过裂缝向生产井方向渗流，流体在裂缝流动的过程中不断与岩体进行换热，吸收岩体的热量。为了提高地热开采效率，一般会对注入井进行套管固井防止流体向周边岩体流失，并且对生产井加装隔热管以防止流体热量的散失。为了提高模型计算效率，不考虑流体由注入井到达 F1 断层的热量吸收和渗流情况，忽略由生产井到达地表的热量散失。设定流体到达 F1 断层时的温度为流体入口温度，生产井温度为出口温度。

（1）温度场边界条件。求解模型温度场时，设定岩浆囊的边界温度和区域初始值为500 ℃，设定模型地表（上边界）温度为20 ℃。地表与岩浆囊之间的高温岩体按照4.5 ℃/100 m的地温梯度进行初始值的设定，模型边界设为热绝缘，无外界热量进出。

（2）渗流场边界条件。考虑储层岩石多数为高致密低渗透性的花岗岩，模型上边界和下边界设置为不透水边界，不会造成水分的流失。注入井以设定的质量流率注入流体，流体初始温度为20 ℃，当流体吸收热量达到汽化温度时，在流体材料中引用相变材料。天然裂缝设定为裂隙流，张开度初始值为2 mm，利用立方定律进行渗透率计算。

（3）应力场边界条件。模型应力场的边界条件主要考虑岩体自重和围岩侧压力，岩体垂直主应力可以依据式（6-15）计算，水平主应力根据式（6-16）计算。廖椿庭等人[199]对羊八井地区进行了地应力测量，并且从文献[192]得知岩层容重为25 kN/m³。在深部地下岩体工程中，通常采用侧压力系数表示水平应力与垂直应力的关系[200]。在我国大陆实测深部地应力分布中得到侧压力系数随埋深的分布规律：随着埋深的增加，侧压力系数的变化范围不断缩小，且逐渐趋近于1.0，故侧压力系数可以用式（6-17）进行计算[201]：

$$\sigma_V = \gamma \cdot y_r \qquad\qquad (6\text{-}15)$$

$$\sigma_h = \delta \sigma_v \qquad\qquad (6\text{-}16)$$

$$\delta = \frac{0.105}{y_r} + 0.98 \qquad\qquad (6\text{-}17)$$

式中，σ_V为垂直主应力，MPa；γ为岩层容重，取25 kN/m³；y_r为岩体深度，km；δ为水平方向的侧压力系数。

6.3　地热系统开采性能分析

从念青唐古拉山脉下部的岩浆囊和上方岩体的温度场分布特点可知：在岩浆囊上方的岩体中温度梯度高达4.5 ℃/100 m。周安朝等人[192]根据已有的岩浆囊分布形态和特征，采用文献［202］中提出的高温岩体地热资源预测方法，进行了羊八井地热系统的温度场分布有限元分析，得到了羊八井地热系统垂直剖面图的温度场分布结果，如图6-3所示。由于不同温度的高温岩石在地热开采过程中表现出不同的物理力学特性，本书根据模型区域的温度场分布将模型材料大致分为五类，分别对应常温、150 ℃、300 ℃、450 ℃、600 ℃条件下花岗岩物理力学特性。

表6-1列出了在羊八井地热系统开采分析过程中所使用的材料物理力学参数，大部分物理力学参数取自本书室内试验结果。地热田在开采之前长期处于温度场和应力场的平衡状态，地热资源的开采相当于引入渗流场打破原有的平衡状

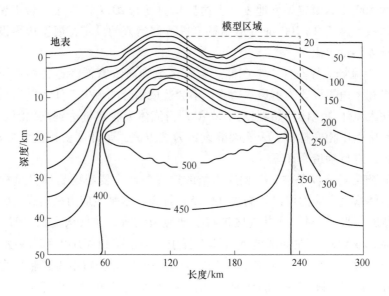

图 6-3　当雄-羊八井盆地垂直剖面温度场分布[192,202]

态，形成 THM 多场耦合。为了实现对 THM 耦合模型的研究，首先需要求解地热田温度场和应力场的初始稳定状态，然后将求解的结果作为瞬态渗流场求解的初始值，最后在多场耦合求解器中继续求解。图 6-4 为模型初始温度场分布，模拟结果与图 6-3 基本相符，验证了本书的模型参数及温度场的边界条件。

表 6-1　地热系统数值模型参数

参　　　数	第一层	第二层	第三层	第四层	第五层
密度/kg·m^{-3}	2616.78	2620.24	2608.99	2591.39	2523.60
弹性模量/GPa	52.97	47.89	40.31	33.88	12.30
泊松比	0.24	0.35	0.44	0.52	0.65
孔隙度/%	0.57	0.51	0.67	0.91	1.71
渗透率/m^2	5×10^{-14}	5×10^{-14}	6×10^{-14}	7×10^{-14}	9×10^{-14}
热膨胀系数[203]/℃$^{-1}$	6×10^{-6}	7.44×10^{-6}	9.57×10^{-6}	12.52×10^{-6}	22.53×10^{-6}
导热系数/W·(m·K)$^{-1}$	3.14	3.25	2.68	2.39	1.89
比热容/J·(kg·K)$^{-1}$	825.54	736.57	816.41	922.28	748.93
Biot-Willis 系数[204]	0.7	0.7	0.7	0.7	0.7

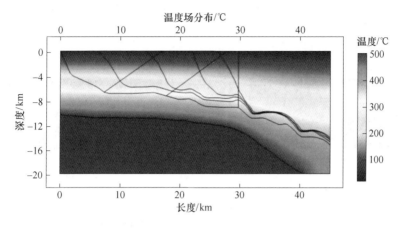

图 6-4　模型温度场初始稳态模拟结果（初始状态）

在本节中，模型按照不同温度分布设定区域材料参数，并将注入井的质量流率（v_m）分别设定为 20 kg/s、40 kg/s 和 60 kg/s，比较地热系统在不同时间内和不同质量流率下的开采性能，研究整个地热储层在 60 年内的温度场分布情况和生产井出水口的温度变化，为地热系统设计提供了参考依据。

6.3.1　储层岩体温度场分布特征

假定注入井以恒定质量流率（$v_m = 20$ kg/s）注入流体，生产井的抽采压力为 15 MPa。分别模拟不同位置生产井的地热系统 60 年内的温度场分布和流体渗流情况，如图 6-5 所示。由储层岩体温度场分布特征和渗流情况可以明显看出：吸收热量后的流体会选择距离最近的生产井流出，图 6-5（a）中循环流体在地热井-天然裂缝中的流动路径要比图 6-5（b）小得多。循环流体在裂缝流动的过程中与高温岩石进行换热，流动时间越久吸收的热量越多。因此，通过生产井 2 进行地热开采可以提高出水口的温度。

在生产井 1 运行的过程中，生产井 2 周围的岩体温度逐渐升高。主要原因是循环水会吸收围岩的热量，从而改变了原本平衡的温度场，生产井 2 的围压导热系数要高于下方岩浆囊附近的岩体导热系数，这就导致热量会聚集在生产井 2 附近。随着地热系统运行时间的增加，在文献［205］描述的温度场分布云图中，发生温度变化的区域集中分布在裂缝和地热井沿线，其余区域的岩体温度几乎没有发生变化；而从图 6-5 中可以看出，生产井下方会形成热峰，运行时间越长热峰面积越大。这主要是因为生产井上、下两个岩层的导热能力不同，上层岩石的初始温度较低而导热能力强，下层岩石的初始温度较高而导热能力弱。岩体温度发生变化后，导热能力强的岩层会吸收周围热量来维持原有温度场的平衡状态。

因此，随着地热系统运行时间增加，生产井的温度开始降低，高温岩体的热量向生产井运移从而形成热峰。

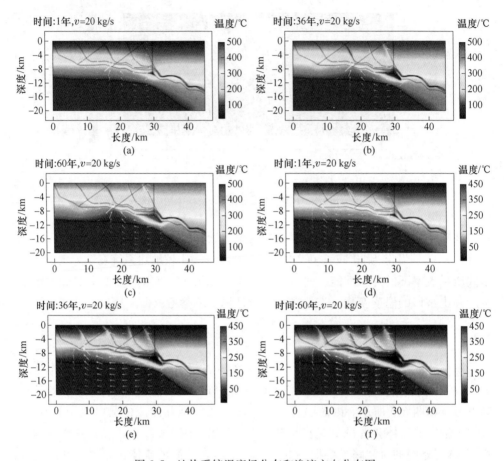

图 6-5　地热系统温度场分布和渗流方向分布图
（a）生产井 1, 1 年；（b）生产井 1, 36 年；（c）生产井 1, 60 年；
（d）生产井 2, 1 年；（e）生产井 2, 36 年；（f）生产井 2, 60 年

6.3.2　生产井位置对地热开采性能的影响

为了比较不同生产井位置对地热开采性能的影响，模拟了一组在恒定质量流率（$v_m = 20$ kg/s）条件下的地热开采过程。地热系统运行 60 年内，对两种生产井布置模式的出水口温度进行对比，如图 6-6 所示。图中初始温度代表的是生产井围岩的温度，两个生产井位置不同，其初始温度也不同。随着地热系统运行时间的增加，生产井温度的变化主要分为三个阶段：不稳定阶段、快速下降阶段和缓慢稳定阶段。

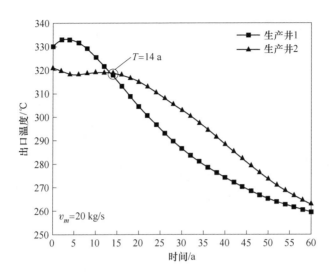

图 6-6　不同位置生产井出口温度随时间演化曲线

地热开采初期，两种布置模式的生产井出口温度都不稳定，生产井 1 的出口温度先不变而后急剧降低；生产井 2 的出口温度上下波动变化不大。这说明在地热开采初期，整个储层的温度场一直处于动态平衡阶段。这一阶段，由于生产井 1 距离注入井较近，且初始温度较高，所以生产井 1 的出口温度要高于生产井 2 的出口温度。随着储层渗流场和温度场的稳定，生产井 1 和生产井 2 的出口温度开始快速下降，前者的降低速度要大于后者，这很可能是因为注入井和生产井 1 之间的裂缝渗透率增加造成的。第二阶段的起始时间是 14 年，这意味着羊八井地热田的前 14 年采用短距离开采模式，既可以节省换热距离，又不会影响开采温度。注入井压入的循环水顺着裂缝不断流动，同时岩体吸收热量，改变周围岩体的温度。地热系统运行稳定后（第 14 年），生产井 2 的出口温度高于生产井 1 的出口温度，温度差是先增加后减少。从图中可以看出，在缓慢稳定阶段两者的出口温度近乎相同。因此，出口温度相同时，为了减少渗流换热路径可以考虑采用短距离开采模式。

6.3.3　注入井质量流率对地热开采性能的影响

注入井流体速度采用质量流率进行设定，质量流率对地热开采性能有显著的影响。因此，在分析注入井质量流率的影响时，将质量流率设定为 20 kg/s、40 kg/s 和 60 kg/s，分别对两种生产井布置的开采模式进行模拟，生产井的出口温度如图 6-7 所示。从图中可以看出，随着运行时间的增加，不同质量流率生产井的出口温度变化曲线具有相同的演化趋势：随着地热系统运行时间的增加，出口温度先上下波动，进而快速降低，最后趋于稳定。在相同系统运行时间内，质量流率越大出水口温度越低，温度差值也会越来越小。

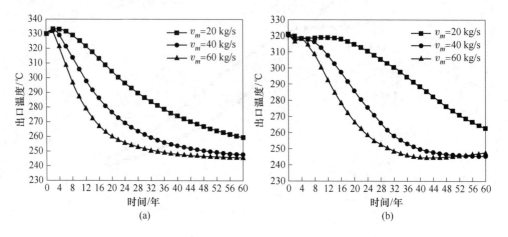

图 6-7　不同质量流率对生产井出口温度的影响
（a）生产井 1 抽采；（b）生产井 2 抽采

　　注入井的质量流率越大，单位时间内用于吸收热量的流体越多，储层温度和生产井出口温度下降越快。但是质量流率的增加会导致储层渗流场达西速度增大，当注入流率增加到一定程度时，较大的达西速度会使得流体与高温岩石之间换热不够充分，到达生产井之前未能充分吸收热量。因此，为了综合对比质量流率对地热开采性能的影响，需要考虑该开采系统获取的热量功率（P_1）和生产井水泵消耗功率（P_2）的关系，通过 P_1 和 P_2 获得可用于发电的生产功率（P）。

$$P_1 = V_m \cdot \Delta T \cdot cp \tag{6-18}$$
$$P_2 = V_m \cdot g \cdot \Delta h \tag{6-19}$$
$$P = P_1 - P_2 \tag{6-20}$$

式中，ΔT 为温度差，出口温度和入口温度的差值；cp 为水蒸气在不同温度下的恒压比热容；Δh 为水利扬程，分别取 7.34 km（生产井 1）和 6.80 km（生产井 2）。

　　根据式（6-18）~式（6-20）可以计算不同质量流率下不同生产井抽采时的生产功率，计算结果如图 6-8 所示，其中由于生产井出口温度在 60 年内一直处于 200~300 ℃ 之间，故式中 cp 为水蒸气的比热容。从图 6-8 可以看出随着系统运行时间的增加，生产功率总体呈先下降后稳定的趋势。当系统运行前 24 年，生产功率相对较大，而后开始缓慢降低并趋于稳定。无论是采用生产井 1 还是生产井 2 进行抽采，质量流率越大系统生产功率越高。虽然生产井出口温度随着质量流率的增加而减小，但吸收热量的水流量一直增加，对整个储层的温度场影响更大，尤其是系统运行 24 年以后，地热系统的生产功率较稳定，具有一定的商业价值。

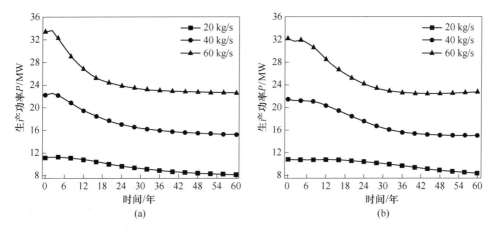

图 6-8　不同质量流率对生产功率的影响
（a）生产井 1；（b）生产井 2

6.4　储层岩体应力场演化规律分析

通过分析地热井的布置方式和质量流率对地热开采性能的影响，长期以较大质量流率进行地热开采具有一定的商业价值。但是地热系统运行期间，注入井长期向储层岩体注入循环水会在储层裂缝内形成热应力和孔隙压力，这必然会对储层原岩应力场造成扰动，甚至对后期裂隙网络的形成造成影响。本书充分考虑高温储层岩体在冷却作用后花岗岩力学参数的变化，研究 THM 耦合状态下储层岩体的应力场分布规律。

储层模型数值计算主要有平衡地应力和应力场扰动两个研究步骤。在初始状态下，储层岩体受重力和侧压力共同作用达到平衡状态，不受热应力的影响，只对初始模型进行温度平衡。地热开采后，储层岩体的应力场随着循环流体的注入受到扰动发生变化，扰动范围随着开采时间而变化。为了与岩石力学惯例保持一致，规定应力场：压应力方向为正，拉应力方向为负。

6.4.1　考虑地热系统运行时间的影响

储层岩体的温度场随着地热开采时间的增加，岩体受影响的区域增大。岩体区域发生温度变化的主要原因是冷却流体在渗流作用对高温岩石起到冷却作用的同时，产生的热应力和孔隙压力会扰动岩体初始应力状态。图6-9为注入井以20 kg/s的质量流率注入时的储层岩体最小主应力分布云图，由图6-9(a)可知：储层岩体初始应力状态随深度呈阶梯状分布，最小主应力为压应力，储层底部压应力值为492 MPa。随着深度的增加，储层岩体的最大主应力呈渐进递增的规律。地热系统运行至20年时，储层岩体最大值和最小值的位置不发生变化，但是由于冷却流体的注入，局部岩体发生收缩变形，热应力会抵消部分压应力，使得储层岩体的压力值降低。除热应力外，储层岩体由于渗流作用而受到的孔隙压力也会使压应力进一步降低。随着冷却流体的不断注入，产生热应力的区域不断增加，压应力降低的区域也不断扩展，但是区域增加的速度随着时间增加而变缓，如图6-9(c)和(d)所示。

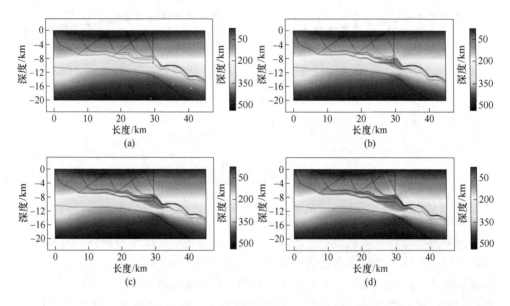

图6-9　随时间演化的储层岩体最小主应力分布云图
(a) 0年；(b) 20年；(c) 40年；(d) 60年

由图6-9可以看出，储层岩体的上、下边界几乎不发生变化，主要发生变化的是注入井附近的岩体。由注入井向生产井方向依次设置三个监测点：A(29.88，−9.44)、B(19.69，−7.93)和C(8.20，−7.02)。监测点A、B、C作为探针，用以监测岩体最小主应力的变化情况。监测点A、B、C分别监测注入井围岩、储层岩体中部和生产井2围岩的最小主应力，三处均为压应力且随时间增加而降低。从图6-10(a)中可以看出，监测点A距离注入井最近，应力状态最先发生响应；监测点B、C分别在4年和12年开始发生变化。这主要是因为冷却流体在储层岩体中的渗流过程具有时间效应，随着冷却流体渗流范围的扩

大，依次影响区域为监测点 A、B、C。注入井围岩随着冷却流体注入，温度迅速
降低，压应力在半年的时间内由初始状态的 189.83 MPa 降为 108.24 MPa，随后
降幅较小，稳定为 94.48 MPa。储层岩体产生的热应力和孔隙压力会抵消部分压
应力，这部分抵消应力可以理解为冷却水刺激储层岩体而形成的诱发应力，如
图 6-10（b）所示，监测点 A 诱发应力最先发生响应，前期增长速度最快；监测
点 B 诱发应力增量最大。

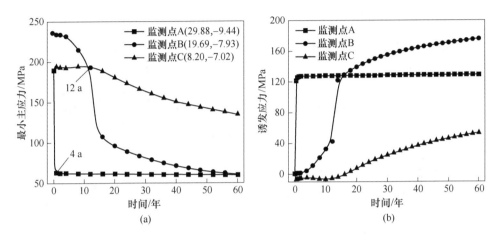

图 6-10　不同监测点应力随时间变化曲线图
（a）最小主应力；（b）诱发应力

6.4.2　考虑不同流体质量流率的影响

　　注入井以不同质量流率注入冷却流体时，储层岩体最小主应力分布情况如
图 6-11 所示。图 6-11（a）～（f）分别是以 20 kg/s、40 kg/s 和 60 kg/s 质量流率
注入冷却流体，时间分别为 12 年和 60 年的储层岩体最小主应力分布云图。从图
中可以看出，尽管质量流率增大，储层岩体的最小主应力仍为压应力，但与初始
应力状态相比，注入井质量流率越大，储层岩体压应力降低的区域范围越大。质
量流率越大意味着单位时间内与储层岩体发生换热的水量越多，越能够对储层更
大范围的应力场产生影响。除此之外，质量流率的增加意味着注入水压的增加，
也会提高岩体内的孔隙压力，降低岩体的压应力。

　　为了定量分析注入井质量流率对储层岩体最小主应力的影响，同样采用上述
的三个监测点 A、B、C 的数据进行分析。图 6-12 为三个监测点在系统运行前期
（12 年）和后期（60 年）最小主应力的变化柱状图，从图中可以看出，监测点 A
的压应力随质量流率的增加呈线性降低；监测点 B 的最小主应力在前期随质量流
率的增加先快速降低后缓慢降低，而在后期最小主应力先降低后基本不再变化；

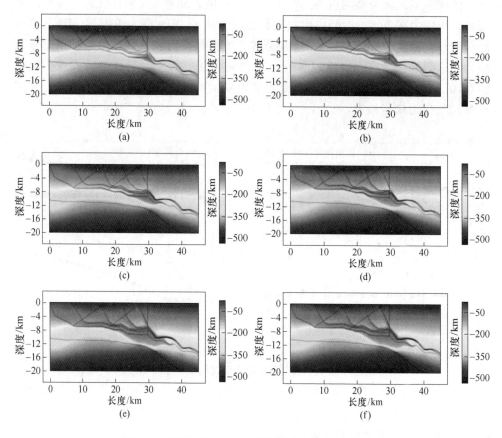

图 6-11　不同质量流率的储层最小主应力分布云图

（a）时间：12 年，$v = 20$ kg/s；（b）时间：12 年，$v = 40$ kg/s；

（c）时间：12 年，$v = 60$ kg/s；（d）时间：60 年，$v = 20$ kg/s；

（e）时间：60 年，$v = 40$ kg/s；（f）时间：60 年，$v = 60$ kg/s

监测点 C 的最小主应力在前期随质量流率的增加缓慢降低，后期最小主应力随质量流率的增加缓慢增加。这说明质量流率对储层岩石应力场的影响具有区域效应，不同区域受到质量流率的影响不同。为了降低冷却流体在注入井围岩内形成的诱发应力，尽可能设定为低质量流率注入。对于生产井 2 围岩，系统运行前期和后期质量流率的影响是相反的，主要是因为两个阶段引起应力变化的主导因素不同。在前期，最小主应力降低的原因和其他工况相同，主要是热应力和孔隙压力对压应力的抵消；而在后期，储层岩石的渗透率增大，各个区域的流体均向生产井 2 附近聚集，导致围岩最小主应力的增大。由于岩体的抗压强度是抗拉强度的十倍左右，所以在地热开采过程中，压应力值急剧降低的岩体区域值得特殊关注。

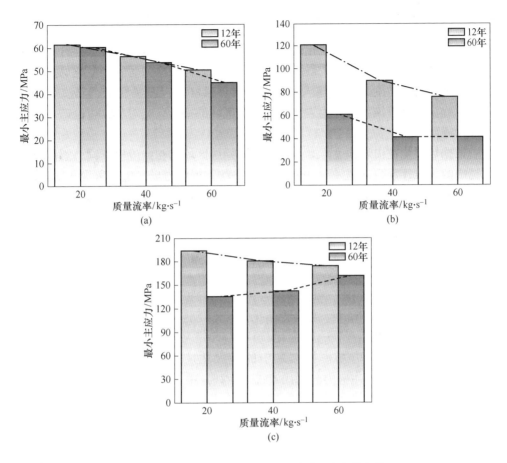

图 6-12　不同监测点最小主应力随质量流率的变化

（a）监测点 A；（b）监测点 B；（c）监测点 C

6.5　储层岩体强度破坏区域演化研究

　　地热储层被注入低温流体的过程中，内部会形成热应力和孔隙压力，从而引起应力场的显著变化。储层岩体应力场的变化会使作用于天然裂缝面上的有效应力发生变化，应力变化使得应变能逐渐积累甚至发生释放，可能会导致储层岩体发生破坏[206]。结合储层应力场演化规律，并将前文完善的热损伤花岗岩强度准则作为判据嵌入数值模型中，对储层岩体强度破坏情况进行判断，研究破坏区域随流体注入时间的演化规律，降低深部地热工程诱发大规模破坏的风险。

6.5.1　储层岩体强度破坏判据设置

基于储层岩体应力场的演化规律发现，应力场变化区域是由注入井开始，沿着裂缝逐渐生产井方向扩展，最后逐渐趋于稳定。储层应力场发生变化的区域大部分集中在注入井附近，而注入井附近的岩体破坏情况最易受应力场变化的影响。因此，本书将该区域作为岩体强度破坏区域的重点研究对象，讨论破坏区域的演化规律。

根据热损伤花岗岩强度准则可知，不同储层区域的初始温度不同，强度破坏判据中的非线性系数 λ 也不尽相同。为了重点分析应力场发生显著变化的区域，由储层初始温度场可知，注入井、F1、F2 及其周围岩石的初始温度约为 300 ℃，则本书选取的热损伤花岗岩强度准则为式（6-21），并将式（6-21）转化为式（6-22），对储层岩体强度破坏情况进行判据设置。

$$\sigma_s = \sigma_c + 11.94\sigma_3 - \frac{11.94}{2\eta\sigma_c}\sigma_3^2 \tag{6-21}$$

式中，σ_s 为岩石极限强度，MPa；σ_c 为 300 ℃条件下岩石峰值抗压强度（$\sigma_3 = 0$ MPa），取 185.79 MPa；σ_3 为储层岩石围压（最小水平主应力），MPa；η 为临界围压系数，取 0.40。

首先确定储层应力场模拟结果中的最大主应力 solid.sp3 和最小主应力 solid.sp1，然后将最小主应力分别代入式（6-21）中，得到岩石极限强度 σ_s。当储层岩石强度判据中的最大主应力 solid.sp3 与极限强度 σ_s 相等时，岩石处于临界状态。由前文讨论可知，当 σ_3 在临界围压范围内，岩石极限强度 σ_s 随着最小主应力的减小而逐渐降低，反之增强；当 σ_3 超过临界围压，岩石强度不再发生变化。由储层岩体应力场分析结果可知，储层最小主应力 solid.sp1 随着流休注入时间的增加逐渐减小，所以岩石极限强度 σ_s 会随着流体注入时间的增加逐渐降低。当岩石最大主应力超过岩石极限强度 σ_s 时，岩石就会发生破坏。因此，本书基于岩石应力场的模拟结果，嵌入数值模型中的强度判据为式（6-22）：

$$-\text{solid.sp3} > \sigma_c + 11.94(-\text{solid.sp1}) - \frac{11.94}{2\eta\sigma_c}(-\text{solid.sp1})^2 \tag{6-22}$$

式中，solid.sp3 为最大主应力，MPa；solid.sp1 为最小主应力，MPa。

6.5.2　储层岩体强度破坏区域演化特征

储层岩体强度的破坏主要是因为最小主应力 σ_3 发生变化，根据图 6-10 可知注入井围岩的最小主应力在前 20 年内变化十分明显。为了提高计算效率，仅对地热系统运行 20 年内的岩石强度破坏区域演化特征进行研究。图 6-13 为依据热损伤岩石强度破坏判据得到的储层岩体强度破坏区域分布图，由图可知：随着时间增加，岩体强度破坏区域逐渐扩大。在图 6-13(a)～(c)中，岩体强度破坏区域以注入井为中心，逐渐向周围岩体扩展；在图 6-13(d) ~ (f)中，注入井周围岩体强度破坏区域基本不变，而是沿着 F1 和 F2 裂缝向生产井方向扩展。

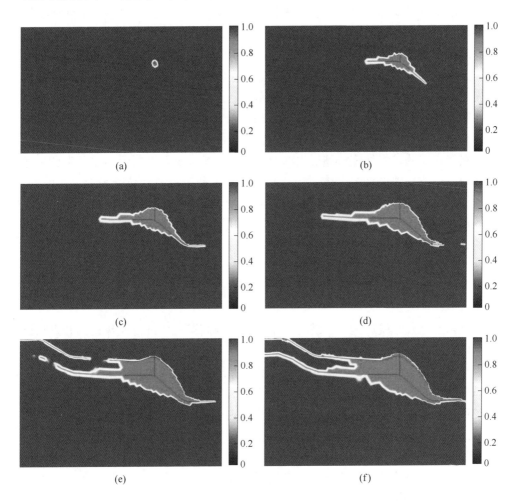

图 6-13　不同运行时间内储层岩体强度破坏区域分布图
(a) 0 年；(b) 4 年；(c) 8 年；(d) 12 年；(e) 16 年；(f) 20 年

　　储层岩体破坏区域以注入井为起点的主要原因是该区域岩石最小主应力最先受到流体注入过程的影响，根据式（6-21）计算可知岩石极限强度会迅速减小。当最大主应力超过岩石极限强度时，岩石开始发生破坏。随着注入井流体与周边高温岩石温度场达到动态平衡，热应力逐渐消失，不再影响最小主应力的变化，如图 6-10 所示，则岩石极限强度不会继续减小。当岩石最大主应力不超过岩石强度时，则岩石不会发生破坏。因此，图 6-13(d) ~ (f)中注入井周围岩石破坏区域不再继续扩展。但是流体沿着裂缝向生产井流动的过程中，注入水压力和孔隙压力产生的应变能会向裂缝转移，必然会影响 F1 和 F2 附近的岩石，导致岩石的强度降低从而产生破坏。距离天然裂缝越远，岩石强度越大，所以裂缝周围岩石破坏区域是有限的。当应变能得不到释放时，破坏区域将会沿着裂缝继续扩展。

储层中裂缝周边岩石强度的破坏会降低裂缝面之间的有效应力和摩擦力，形成储层之间的"界面效应"，导致储层发生剪切破坏，甚至形成微地震事件造成地表变形、沉降，对地热安全开采造成影响。天然裂缝破坏区域沿裂缝走向扩展的同时，经过充分换热的高温岩石内部破裂会形成微裂隙[207]，以便岩体应变能得到释放。储层应变能的释放能够促进岩石内部微裂隙的发育，有效阻止破坏区域沿裂缝走向的扩展，使得储层内部形成裂隙网络。随着微裂隙的逐渐发育、相互连通，形成裂隙网络的岩体区域逐渐扩大，有利于提高地热开采效率。因此，为了保证地热资源安全高效开采，首先利用冷却水对高温储层岩石进行热刺激，使其形成较多次生裂隙构建裂隙网络；然后利用增加水压的方式，扩大热刺激形成的裂隙网络的范围。

6.6　储层岩体天然裂缝破裂规律分析

羊八井地热系统以天然裂缝为导水通道，与高温岩体进行换热达到开发热能的目的。为了增大储层天然裂缝的换热面积，关键在于研究天然裂缝换热过程中能否形成次生裂隙，以及次生裂隙的破裂与储层换热之间的关系。通过前文的微观试验结果可知：花岗岩在 150 ℃之前没有次生裂隙形成，在 150 ℃以后开始发生热破裂现象，且温度越高，热破裂现象越明显。而对于储层岩体而言，热应力一般出现在温度场发生急剧变化的区域，该区域应力场会发生应力重构。针对地热储层温度场和应力场的变化分析可知，地热开采过程对注入井附近围岩的影响最为显著，F5 断层裂缝温度梯度分布最先增大。

为了提高储层岩体地热开采效率，需要增加地热储层中有效的换热通道。热应力存在于天然裂缝的换热过程中，能够影响天然裂缝张开度和次生裂隙的形成。因此，根据羊八井地热系统的温度场和应力场模拟结果，计算天然裂缝壁面处的热应力，探讨热应力对次生裂隙破裂压力的影响。

6.6.1　裂缝破裂压力计算方法

图 6-14 为储层岩体天然裂缝产生次生裂隙的示意图，文献［207］给出了未考虑热应力的天然裂缝产生次生裂隙时所需破裂压力的计算公式，即式（6-23）。如图 6-14 平面坐标系，在天然裂缝向前延伸的过程中，裂缝壁周边高温岩石会受到冷却流体的降温作用，产生较大的温度梯度。在天然裂缝表面上用 ΔT_R 来表

示岩石降温前后的温度差，温度梯度的存在必然导致岩石内部产生热应力。假定裂缝壁面一侧的岩石为一定厚度、周边固定的平板，平行于天然裂缝方向的热应力 $\sigma_T(x)$ 可以表示为式（6-24）[208]：

$$p_f = \frac{\sigma_1 - \sigma_3}{2}(1 + \cos2\theta) + \sigma_T \tag{6-23}$$

$$\sigma_T(x) = \frac{\alpha_T E}{(1 - \nu)}\Delta T_L \tag{6-24}$$

式中，p_f 为天然裂缝破裂压力，MPa；σ_1、σ_3 为最大主应力和最小主应力，MPa；σ_T 为抗压强度，MPa；θ 为起裂夹角，（°）；α_T 为线热膨胀系数，℃$^{-1}$；E 为岩石弹性模量，MPa；ν 为泊松比。

在图 6-14 中，x 方向产生热应力，将热应力按照次生裂隙方向和垂直次生裂隙方向分解。热应力的存在能够刺激天然裂缝破裂产生次生裂隙，考虑热应力的天然裂缝破裂条件为[207]：

$$p_f = \frac{\sigma_1 - \sigma_3}{2}(1 + \cos2\theta) + \sigma_T - \frac{\alpha_T E \Delta T_R}{1 - \nu}\sin\theta \tag{6-25}$$

当裂缝内的岩石破裂压力很小或者不存在时，需要足够大的热应力才能使次生裂隙开启。因此，在裂缝壁面发生破裂时的最低温差为：

$$\Delta T_R \geqslant \frac{1 - \nu}{\alpha_T E\sin\theta}\Big[\frac{\sigma_1 - \sigma_3}{2}(1 + \cos2\theta) + \sigma_T\Big] \tag{6-26}$$

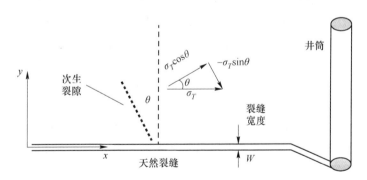

图 6-14　天然裂缝破裂受力示意图[207]

6.6.2　天然裂缝壁面破裂压力

在图 6-15 中选取储层岩体 F1 断层靠近注入井处的天然裂缝为研究对象，对裂缝中的 P 点岩石破裂压力进行分析。岩石温度、最大主应力和最小主应力由数值模拟结果得出；线热膨胀系数 α、弹性模量 E、抗拉强度 σ_T 和泊松比 ν 由室内试验获取，且与数值计算参数相同；假定次生裂隙的起裂角度 θ 为 30°；冷却流体的质量流率与数值计算参数相同，选取地热系统运行时间为 20 年。

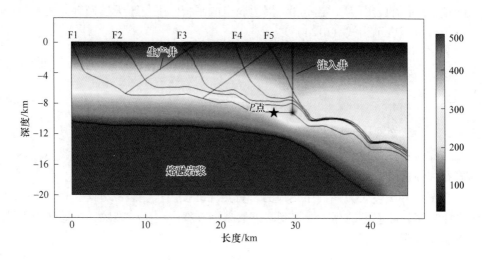

图 6-15　天然裂缝破裂压力分析点选取

通过式（6-25）和式（6-26）计算，计算结果如图 6-16 所示。在系统运行初期，较大温差形成的热应力足够使得天然裂缝破裂，不需要额外的压力；随着冷却流体对裂缝壁面岩石的换热过程，热应力开始减小，需要额外的压力才能使岩石破裂，并且破裂压力随着系统运行时间的演化表现为：先快速增加后略微降低最后趋于稳定。通过计算可以得到，$p_f = 0$ MPa 时说明裂缝壁的破裂仅由热应力造成；$p_f > 0$ MPa 时说明天然裂缝除了热应力以外还需要额外的压力（裂缝净压力）做功才能发生破裂。

图 6-16(a)和(b)分别为考虑热应力和不考虑热应力计算 F5 断层天然裂缝岩石破裂压力的结果。由图可知，热应力的存在会降低天然裂缝形成次生裂隙的难度。考虑热应力后，运行时间越短温差越大，需要的破裂压力越小，岩体破裂难度降低。储层岩体中的天然裂缝形成次生裂隙后，若要沿着原次生裂隙路径继续扩展，需要的额外压力会不断增加，否则在原有裂隙扩展路径上会产生更多的二级次生裂隙，最终形成复杂的裂隙网络。为了提高地热系统的开采效率，一方面要增加天然裂缝的换热面积；另一方面要提高地热井和裂缝之间的连通率，减少冷却流体的无效换热路径。

图 6-16 可以看出，无论是否考虑热应力对破裂压力的影响，注入井的质量流率对破裂压力的影响都是显著的。当不考虑热应力时，质量流率对储层岩体的孔隙压力有影响，能够改变岩石的最大主应力和最小主应力；考虑热应力时，质量流率主要对储层岩体温度梯度产生影响。在系统运行初期，质量流率为 20 kg/s、40 kg/s 和 60 kg/s 时，热应力无法使裂缝岩石破裂的时间分别为 2.5 年、1.0 年

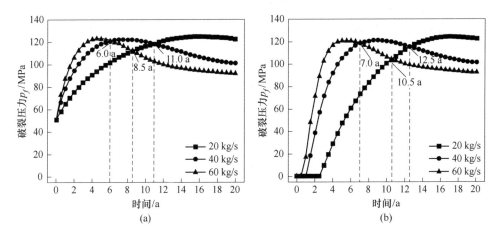

图 6-16　天然裂缝破裂压力随时间演化规律

（a）未考虑热应力；（b）考虑热应力

和 0.5 年。这是因为质量流率越大，储层岩体内的达西速度越快，裂缝壁面岩石的温度越早与冷却流体的温度相同，因而热应力最早开始降低，直到无法使裂缝岩石破裂。随后，裂缝岩石破裂压力会随着热应力的减小而快速增加，增加速度取决于热应力的降低速度。从图中可以看出，储层岩体内的渗流场和温度场都存在一个动态平衡的过程，质量流率越大物理场的动态性越明显，在未考虑热应力的情况下能够更早实现动态平衡，最终趋于稳定状态。当裂缝岩石物理场处于稳定状态时，破裂压力与质量流率成反比，岩石几乎不受热应力影响。

6.7　地热系统开采建议及技术措施

羊八井地热田的热能资源十分丰富，由于本书中提到的深部巨大地热资源目前还没有进行规模化开采，详细的地质资料还在不断完善，本书对该部分的研究也仅作为探讨性分析。本书依据现有的地质资料和室内试验结果进行模拟研究，通过模拟结果对地热系统提出相应的开采建议和技术措施。

6.7.1　地热资源开采建议

（1）获取深部储层物理信息。地球深部构造环境非常复杂，为合理规划和设计地热系统，需要通过多种勘测手段来获取深部地热储层物理、化学信息。一般可以借助电磁技术观测地热储层三维电性结构；利用地下水流分布推测地热断层之间的互相空间关系；通过解译重力观测数据获取储层岩体成分、地质构造等信息；通过储层电阻率估算岩石渗透率及观察微地震活动。

（2）阐明地热开采诱发岩体破坏机理。室内小尺度岩石力学试验与数值模拟相结合，模拟深部地热储层温度和压力条件下的温度场、渗流场和应力场的变化过程，探明地热开采诱发储层破坏的人为因素（注采压力、流体温度、流体速度以及注采井布置方式），分析流体注入引起的热应力变化，阐明微地震产生的机制，提出有效降低储层微地震的技术措施。

（3）开发储层裂隙网络改造技术。地热系统热能的开采效率与储层改造方式、裂隙网络分布特征密切相关。单一依靠水力压裂技术难以在储层岩石内部形成裂隙网络，可以先采用冷水循环刺激的手段使储层岩石产生热破裂形成次生裂隙，继而选用水力压裂技术促进主裂隙和次生裂隙的发育。

（4）探寻新型地热开采模式。传统的 EGS 系统已经发展了近 50 年，主要采用常规的水利压裂技术，辅助热破裂对地热储层进行改造，但是一直未能实现商业化开采。同时，国际上 EGS 系统在运行过程中也存在许多技术性难题，如井眼坍塌、井筒堵塞和卡钻等建造问题，在储层改造和注水开采过程中诱发不同级别的微地震，甚至对地面造成破坏[206]。借鉴国际对传统 EGS 系统的探索和实践经验，针对我国地热田的实际地质情况，探寻新型 EGS 地热开采模式。

6.7.2　地热开采技术措施

（1）注入井防渗和生产井保温。为了经济高效地开采地热资源，首先对注入井加固套管，防止冷却流体渗漏，尽可能保证储层换热通道的流体质量；然后对生产井加装隔热管，防止经过换热通道吸收热量后的流体热量散失。

（2）不同生产井联合布置。储层岩体的换热路径能够对地热开采效率产生显著影响，所以生产井的布置就显得尤为重要。通过模拟结果显示：地热开采初期可以优先采用短路径的生产井进行地热开采；当生产井出口温度开始快速下降时，宜更换长路径的生产井工作；随着生产井出口温度由快速降低变为趋于稳定时，说明储层岩石温度场处于稳定状态，建议采用多生产井联合抽采。

（3）合理选定质量流率。注入井质量流率分别为 20 kg/s、40 kg/s 和 60 kg/s 时，生产井生产功率随质量流率发生变化。通过计算结果得到：在整个地热开采期间，生产功率先降低而后稳定；同一时间段，质量流率越大生产功率越高。因此，为增加生产功率，可以适当地提高注入井的质量流率，但为了安全生产，需要在充分考虑储层岩体应力场重构的基础上，采用现场监测和数值模拟相结合的方法保证地热系统的安全生产。

（4）增强裂隙网络发育。裂隙网络与天然裂缝形成的换热通道能够提高冷却流体的换热路径，但是通过裂缝破裂压力的计算发现：随着热应力的降低，次生裂隙的继续扩展需要提供额外净水压力。为了增加裂隙网络的换热面积，可以在前期采用低质量流率，而后期采用高质量流率注入冷却流体。前期注入较低质量流率时，岩石主要以热破裂为主，流体进入微裂隙后使其进一步扩展，从而形成较大的换热面积。后期注入较大质量流率使得水压力超过裂缝破裂的临界压力，提高次生裂隙的连通率，促进裂隙网络的发育。

6.8 本章小结

本章以羊八井地热工程为案例，基于地热田的地质结构和开采方案建立储层模型，结合室内试验得到的物理力学特性演化规律对模型参数进行赋值，并将热损伤花岗岩强度准则嵌入数值模型中，分析地热系统开采过程中储层温度场、应力场的分布以及岩石强度破坏区域的演化，讨论天然裂缝破裂压力随应力分布的变化规律，主要结论如下：

（1）随着时间的增加，储层温度场变化区域和应力场扰动区域由注入井逐渐向生产井扩展，质量流率越大，扩展范围越大。地热井长路径组合能在短期内提高生产井出口温度，提高开采效率；短路径组合能够减少换热面积，降低对储层应力场的影响。通过地热系统生产功率的计算，得到质量流率的增加能够提高生产功率。

（2）基于储层应力场模拟结果，应用热损伤花岗岩强度准则，指出储层岩体破坏区域的演化分为两个阶段，第一阶段由注入井开始并逐渐向周边区域扩展，直到岩石温度场和应力场达到动态平衡时停止扩展；第二阶段岩石破坏区域沿天然裂缝向生产井继续延伸，这一过程能够实现储层应变能的转移。

（3）通过天然裂缝破裂压力的计算，分别分析了考虑热应力和不考虑热应力的破裂压力结果，当考虑热应力时，热应力能够促进天然裂缝破裂；当不考虑热应力时，质量流率对储层孔隙压力产生影响，能够改变岩石强度。

（4）根据室内试验和数值模拟结果，给出了"获取深部储层物理信息、阐明地热开采诱发岩体破坏机理、开发储层裂隙网络改造技术、探寻新型地热开采模式"的开采建议，提出了"开采前期采用较低的质量流率注入，尽可能使天然裂缝破裂形成裂隙网络；开采后期采用较高的质量流率注入，利用较高的水压力提高次生裂隙的连通率"的裂隙网络控制技术措施。

参 考 文 献

［1］谢和平，高峰，鞠杨，等. 深地煤炭资源流态化开采理论与技术构想［J］. 煤炭学报，2017，42（3）：547-556.

［2］Babarinde O, Schwartz B, Meng J, et al. An overview of geological carbon sequestration and its geomechanical aspects［J］. Geological Society, London, Special Publications, 2023, 528（1）：61-72.

［3］唐世斌，罗江，唐春安. 低温诱发岩石破裂的理论与数值模拟研究［J］. 岩石力学与工程学报，2018，37（7）：1596-1607.

［4］Wang J. High-level radioactive waste disposal in China：Update 2010［J］. Journal of Rock Mechanics and Geotechnical Engineering, 2010, 2（1）：1-11.

［5］Wang F, Frühwirt T, Konietzky H. Influence of repeated heating on physical-mechanical properties and damage evolution of granite［J］. International Journal of Rock Mechanics and Mining Sciences, 2020, 136：104514.

［6］Johnston D H, Toksöz M N. Thermal cracking and amplitude dependent attenuation［J］. Journal of Geophysical Research：Solid Earth, 1980, 85（B2）：937-942.

［7］Trice R, Warren N. Preliminary study on the correlation of acoustic velocity and permeability in two granodiorites from the LASL Fenton Hill deep borehole, GT2, near the Valles Caldera, New Mexico［R］. State of California：Los Alamos Scientific Lab, 1977.

［8］张卫强. 岩石热损伤微观机制与宏观物理力学性质演变特征研究［D］. 徐州：中国矿业大学，2017.

［9］Zhang S, Paterson M, Cox S. Microcrack growth and healing in deformed calcite aggregates［J］. Tectonophysics, 2001, 335：17-36.

［10］靳佩桦，胡耀青，邵继喜，等. 急剧冷却后花岗岩物理力学及渗透性质试验研究［J］. 岩石力学与工程学报，2018，37（11）：2556-2564.

［11］赵志丹，高山，骆庭川，等. 秦岭和华北地区地壳低速层的成因探讨——岩石高温高压波速实验证据［J］. 地球物理学报，1996（5）：642-652.

［12］席道瑛，杜赟，薛彦伟，等. 岩石非线性细观响应中温度对岩石力学性能的影响［J］. 岩石力学与工程学报，2007，26（A1）：3342-3347.

［13］闫治国，朱合华，邓涛，等. 三种岩石高温后纵波波速特性的试验研究［J］. 岩土工程学报，2006（11）：2010-2014.

［14］胡建军. 高温作用下石灰岩的热损伤特性研究［D］. 徐州：中国矿业大学，2019.

［15］Wai R, Lo K, Rowe R. Thermal stress analysis in rock with nonlinear properties［J］. International Journal of Rock Mechanics and Mining Sciences & Geomechanics Abstracts, 1982, 19：211-220.

［16］Aurangzeb, Ali Khan L, Maqsood A. Prediction of effective thermal conductivity of porous consolidated media as a function of temperature：a test example of limestones［J］. Journal of Physics D-Applied Physics, 2007, 40（16）：4953-4958.

[17] 柳江琳, 白武明, 孔祥儒, 等. 高温高压下花岗岩、玄武岩和辉橄岩电导率的变化特征 [J]. 地球物理学报, 2001 (4): 528-533.

[18] Rzhevskii V, Dobretsov V, Yamshchikov V. Investigation of the effect of temperature on the physical properties of siderite ores for the purpose of selecting the parameters of low-frequency rock breaking [J]. Journal of Mining Science, 1965, 1: 116-118.

[19] Lau J S O, Gorski B, Jackson R. The effects of temperature and water-saturation on mechanical properties of Lac du Bonnet pink granite [C]// ISRM Congress. ISRM, 1995: ISRM-8CONGRESS-1995-216.

[20] 张静华, 王靖涛, 赵爱国. 高温下花岗岩断裂特性的研究 [J]. 岩土力学, 1987, 8 (4): 11-16.

[21] 张连英, 茅献彪, 杨逾, 等. 高温状态下石灰岩力学性能实验研究 [J]. 辽宁工程技术大学学报, 2006 (S2): 121-123.

[22] Oda M. Modern developments in rock structure characterization [J]. International Journal of Rock Mechanics and Mining Sciences & Geomechanics Abstracts, 1994, 31 (3): 124.

[23] 刘泉声, 许锡昌, 山口勉, 等. 三峡花岗岩与温度及时间相关的力学性质试验研究 [J]. 岩石力学与工程学报, 2001 (5): 715-719.

[24] 许锡昌. 温度作用下三峡花岗岩力学性质及损伤特性初步研究 [D]. 武汉: 中国科学院武汉岩土力学研究所岩土工程, 1998.

[25] 许锡昌, 刘泉声. 高温下花岗岩基本力学性质初步研究 [J]. 岩土工程学报, 2000 (3): 332-335.

[26] 许锡昌. 花岗岩热损伤特性研究 [J]. 岩土力学, 2003 (S2): 188-191.

[27] Chen Y, Ni J, Shao W, et al. Experimental study on the influence of temperature on the mechanical properties of granite under uni-axial compression and fatigue loading [J]. International Journal of Rock Mechanics and Mining Sciences, 2012, 56: 62-66.

[28] Yang S, Xu P, Li Y, et al. Experimental investigation on triaxial mechanical and permeability behavior of sandstone after exposure to different high temperature treatments [J]. Geothermics, 2017, 69: 93-109.

[29] 苏承东, 韦四江, 秦本东, 等. 高温对细砂岩力学性质影响机制的试验研究 [J]. 岩土力学, 2017, 38 (3): 623-630.

[30] 苏承东, 韦四江, 杨玉顺, 等. 高温后粗砂岩常规三轴压缩变形与强度特征分析 [J]. 岩石力学与工程学报, 2015, 34 (S1): 2792-2800.

[31] 武晋文, 赵阳升, 万志军, 等. 高温均匀压力花岗岩热破裂声发射特性实验研究 [J]. 煤炭学报, 2012, 37 (7): 1111-1117.

[32] 徐小丽, 高峰, 张志镇, 等. 实时高温下加载速率对花岗岩力学特性影响的试验研究 [J]. 岩土力学, 2015, 36 (8): 2184-2192.

[33] Kumari W G P, Ranjith P G, Perera M S A, et al. Mechanical behaviour of Australian Strathbogie granite under in-situ stress and temperature conditions: An application to geothermal energy extraction [J]. Geothermics, 2017, 65: 44-59.

［34］ 万志军，赵阳升，董付科，等．高温及三轴应力下花岗岩体力学特性的实验研究［J］．岩石力学与工程学报，2008，27（1）：72-77.

［35］ Ding Q，Ju F，Mao X，et al. Experimental investigation of the mechanical behavior in unloading conditions of sandstone after high-temperature treatment［J］．Rock Mechanics and Rock Engineering，2016，49（7）：2641-2653.

［36］ 徐小丽，高峰，沈晓明，等．高温后花岗岩力学性质及微孔隙结构特征研究［J］．岩土力学，2010，31（6）：1752-1758.

［37］ 韩观胜，靖洪文，苏海健，等．高温状态砂岩遇水冷却后力学行为研究［J］．中国矿业大学学报，2020，49（1）：69-75.

［38］ 喻勇，徐达，窦斌，等．高温花岗岩遇水冷却后可钻性试验研究［J］．地质科技情报，2019，38（4）：287-292.

［39］ Zhang F，Zhao J，Hu D，et al. Laboratory investigation on physical and mechanical properties of granite after heating and water-cooling treatment［J］．Rock Mechanics and Rock Engineering，2018，51（3）：677-694.

［40］ 朱振南，田红，董楠楠，等．高温花岗岩遇水冷却后物理力学特性试验研究［J］．岩土力学，2018，39（S2）：169-176.

［41］ 邵保平，吴阳春，王帅，等．青海共和盆地花岗岩高温热损伤力学特性试验研究［J］．岩石力学与工程学报，2020，39（1）：69-83.

［42］ 邵保平，吴阳春，赵阳升，等．不同冷却模式下花岗岩强度对比与热破坏能力表征试验研究［J］．岩石力学与工程学报，2020，39（2）：286-300.

［43］ 邵保平，何水鑫，成泽鹏，等．传导加热下花岗岩中热冲击因子试验测定与演变规律分析［J］．岩石力学与工程学报，2020，39（7）：1356-1368.

［44］ 邵保平，吴阳春，王帅，等．热冲击作用下花岗岩力学特性及其随冷却温度演变规律试验研究［J］．岩土力学，2020，41（S1）：83-94.

［45］ 邵保平，吴阳春，赵阳升．热冲击作用下花岗岩宏观力学参量与热冲击速度相关规律试验研究［J］．岩石力学与工程学报，2019，38（11）：2194-2207.

［46］ 黄真萍，张义，吴伟达．遇水冷却的高温大理岩力学与波动特性分析［J］．岩土力学，2016，37（2）：367-375.

［47］ 张义．遇水冷却的高温大理岩和石灰岩力学与波动特性研究［D］．福州：福州大学，2015.

［48］ Shao Z，Wang Y，Tang X. The influences of heating and uniaxial loading on granite subjected to liquid nitrogen cooling［J］．Engineering Geology，2020，271：105614.

［49］ 杜守继，刘华，职洪涛，等．高温后花岗岩力学性能的试验研究［J］．岩石力学与工程学报，2004，23（14）：2359-2364.

［50］ 朱合华，闫治国，邓涛，等．3种岩石高温后力学性质的试验研究［J］．岩石力学与工程学报，2006，25（10）：1945-1950.

［51］ 邱一平，林卓英．花岗岩样品高温后损伤的试验研究［J］．岩土力学，2006，27（6）：1005-1010.

［52］ Xu X, Kang Z, Ji M, et al. Research of microcosmic mechanism of brittle-plastic transition for granite under high temperature ［J］. Procedia Earth and Planetary Science, 2009, 1: 432-437.

［53］ Chen Y, Ni J, Shao W, et al. Experimental study on the influence of temperature on the mechanical properties of granite under uni-axial compression and fatigue loading ［J］. International Journal of Rock Mechanics and Mining Sciences, 2012, 56: 62-66.

［54］ Shao S, Ranjith P G, Wasantha P L P, et al. Experimental and numerical studies on the mechanical behaviour of Australian Strathbogie granite at high temperatures: An application to geothermal energy ［J］. Geothermics, 2015, 54: 96-108.

［55］ Zhang W, Sun Q, Hao S, et al. Experimental study on the variation of physical and mechanical properties of rock after high temperature treatment ［J］. Applied Thermal Engineering, 2016, 98: 1297-1304.

［56］ Yin T, Shu R, Li X, et al. Comparison of mechanical properties in high temperature and thermal treatment granite ［J］. Transactions of Nonferrous Metals Society of China, 2016, 26 (7): 1926-1937.

［57］ Kumari W G P, Ranjith P G, Perera M S A, et al. Experimental investigation of quenching effect on mechanical, microstructural and flow characteristics of reservoir rocks: Thermal stimulation method for geothermal energy extraction ［J］. Journal of Petroleum Science and Engineering, 2018, 162: 419-433.

［58］ Zhang F, Zhao J, Hu D, et al. Laboratory investigation on physical and mechanical properties of granite after heating and water-cooling treatment ［J］. Rock Mechanics and Rock Engineering, 2018, 51 (3): 677-694.

［59］ Isaka B, Gamage R, Rathnaweera T, et al. An influence of thermally-induced micro-cracking under cooling treatments: Mechanical characteristics of australian granite ［J］. Energies, 2018, 11 (6): 1338.

［60］ 张渊, 曲方, 赵阳升. 岩石热破裂的声发射现象 ［J］. 岩土工程学报, 2006 (1): 73-75.

［61］ Wang H F, Heard H C. Prediction of elastic moduli via crack density in pressurized and thermally stressed rock ［J］. Journal of Geophysical Research: Solid Earth, 1985, 90 (B12): 10342-10350.

［62］ 张渊, 张贤, 赵阳升. 砂岩的热破裂过程 ［J］. 地球物理学报, 2005, 48 (3): 656-659.

［63］ Johnson B, Gangi A F, riandin J. Thermal cracking of rock subjected to slow, uniform temperature changes ［C］//ARMA US Rock Mechanics/Geomechanics Symposium. ARMA, 1978: ARMA-78-0318.

［64］ 陈颙, 吴晓东, 张福勤. 岩石热开裂的实验研究 ［J］. 科学通报, 1999 (8): 880-883.

［65］ Bieniawski Z T. Mechanism of brittle fracture of rock ［J］. International Journal of Rock Mechanics and Mining Sciences & Geomechanics Abstracts, 1967, 4 (4): 407-423.

［66］Hallbauer D K, Wagner H, Cook N G W. Some observations concerning the microscopic and mechanical behaviour of quartzite specimens in stiff, triaxial compression tests ［J］. International Journal of Rock Mechanics and Mining Sciences & Geomechanics Abstracts, 1973, 10: 713-726.

［67］姜广辉. 高温处理后岩石内部结构演化及波速渗透率关系研究 ［D］. 北京: 中国矿业大学（北京）, 2018.

［68］Sprunt E, Brace W F. Direct observation of microcavities in crystalline rock ［J］. International Journal of Rock Mechanics and Mining Sciences & Geomechanics Abstracts, 1974, 11: 139-150.

［69］Gamboa E, Atrens A. Stress corrosion cracking fracture mechanisms in rock bolts ［J］. Journal of Materials Science, 2003, 38: 3813-3829.

［70］谢卫红, 高峰, 李顺才. 加载历史对岩石热开裂破坏的影响 ［J］. 辽宁工程技术大学学报（自然科学版）, 2010, 29（4）: 593-596.

［71］谢卫红, 高峰, 李顺才, 等. 石灰岩热损伤破坏机制研究 ［J］. 岩土力学, 2007（5）: 1021-1025.

［72］姜崇喜, 谢强. 大理岩细观破坏行为的实时观察与分析 ［J］. 西南交通大学学报, 1999（1）: 89-94.

［73］Wu F, Thomsen L. Microfracturing and deformation of Westerly granite under creep conditions ［J］. International Journal of Rock Mechanics and Mining Sciences & Geomechanics Abstracts, 1975, 12: 167-173.

［74］吴晓东, 刘均荣. 岩石热开裂影响因素分析 ［J］. 石油钻探技术, 2003（5）: 24-27.

［75］吴晓东, 刘均荣, 秦积舜. 热处理对岩石波速及孔渗的影响 ［J］. 石油大学学报（自然科学版）, 2003, 27（4）: 70-72, 75.

［76］吴晓东. 岩石热开裂的实验研究 ［D］. 武汉: 中国科学院地质与地球物理研究所, 2000.

［77］左建平, 谢和平, 周宏伟, 等. 温度-拉应力共同作用下砂岩破坏的断口形貌 ［J］. 岩石力学与工程学报, 2007, 26（12）: 2444-2457.

［78］赵亚永, 魏凯, 周佳庆, 等. 三类岩石热损伤力学特性的试验研究与细观力学分析 ［J］. 岩石力学与工程学报, 2017, 36（1）: 142-151.

［79］徐小丽. 温度载荷作用下花岗岩力学性质演化及其微观机制研究 ［D］. 徐州: 中国矿业大学, 2008.

［80］李修磊, 李起伟, 杨超, 等. 基于三轴极限峰值偏应力的岩石非线性破坏强度准则 ［J］. 煤炭学报, 2019, 44（S2）: 517-525.

［81］蔡美峰, 何满潮, 刘东燕. 岩石力学与工程 ［M］. 北京: 科学出版社, 2010.

［82］Singh M, Singh B. A strength criterion based on critical state mechanics for intact rocks ［J］. Rock Mechanics and Rock Engineering, 2005, 38（3）: 243-248.

［83］李斌, 刘艳章, 林坤峰. 非线性 Mohr-Coulomb 准则适用范围及其改进研究 ［J］. 岩土力学, 2016, 37（3）: 637-646.

［84］ 李斌，王大国，刘艳章，等．三轴条件下改进的 Hoek-Brown 准则的修正［J］．煤炭学报，2017，42（5）：1173-1181．

［85］ 郭建强，卢雪峰，杨前冬，等．基于弹性应变能岩石强度准则的建立及验证［J］．岩石力学与工程学报，2021，40（S2）：3147-3155．

［86］ 路德春，杜修力．岩石材料的非线性强度与破坏准则研究［J］．岩石力学与工程学报，2013，32（12）：2394-2408．

［87］ 俞茂宏．双剪应力强度理论研究［M］．西安：西安交通大学出版社，1995．

［88］ 俞茂宏．岩石类材料的统一强度理论及其应用［J］．岩土工程学报，1994，16（2）：1-10．

［89］ 尤明庆．统一强度理论应用于岩石的讨论［J］．岩石力学与工程学报，2013，32（2）：258-265．

［90］ 孔志鹏，孙海霞，陈四利．岩石材料的一种非线性三参数强度准则及应用［J］．岩土力学，2017，38（12）：3524-3531．

［91］ 高美奔．热-力作用下硬岩本构模型及其初步运用研究［D］．成都：成都理工大学，2014．

［92］ 李宏国，朱大勇，姚华彦，等．温度作用后大理岩破裂及强度特性试验研究［J］．四川大学学报（工程科学版），2015，47（S1）：53-58．

［93］ 李天斌，高美奔，陈国庆，等．硬脆性岩石热-力-损伤本构模型及其初步运用［J］．岩土工程学报，2017，39（8）：1477-1484．

［94］ 王芝银，王思敬，杨志法．岩石大变形分析的流形方法［J］．岩石力学与工程学报，1997，16（5）：399-404．

［95］ 朱万成，魏晨慧，唐春安，等．岩体开挖损伤区的表征及热-流-力耦合模型：研究现状及展望［J］．自然科学进展，2008（9）：968-978．

［96］ 黄温钢，王作棠，夏元平，等．煤炭地下气化热-力耦合作用下条带开采数值模拟研究［J］．煤炭科学技术，2020：1-8．

［97］ Wu X，Wang P，Guo Q，et al. Numerical simulation of the influence of flow velocity on granite temperature field under thermal shock［J］. Geotechnical and Geological Engineering，2021，1（39）：37-48．

［98］ 后雄斌．地下洞室岩石热-力-损伤应变软化模型及数值模拟研究［D］．石河子：石河子大学，2019．

［99］ 肖旸，周一峰，马砺，等．热-力作用对岩石热破坏模式及其阈值影响的数值模拟［J］．西安科技大学学报，2017，37（5）：630-635．

［100］ 高红梅，梁学彬，兰永伟，等．热应力作用下缺陷花岗岩的渗流规律［J］．黑龙江科技大学学报，2016，26（6）：691-694．

［101］ 李雪．温度和应力条件下北山裂隙性花岗质岩石抗剪机理实验与数值模拟研究［D］．北京：中国地质大学，2017．

［102］ 李玮枢．高温花岗岩水冷破裂模式与水压裂缝扩展规律研究［D］．济南：山东大学，2020．

［103］Wu X, Cai M, Zhu Y, et al. An experimental study on the fractal characteristics of the effective pore structure in granite by thermal treatment ［J］. Case Studies in Thermal Engineering, 2023, 45: 102921.

［104］唐世斌, 唐春安, 梁正召, 等. 热冲击作用下的陶瓷材料破裂过程数值分析 ［J］. 复合材料学报, 2008 (2): 115-122.

［105］Tang S B, Zhang H, Tang C A, et al. Numerical model for the cracking behavior of heterogeneous brittle solids subjected to thermal shock ［J］. International Journal of Solids and Structures, 2016, 80: 520-531.

［106］张帆. 冷冲击下高温岩石物理力学特性研究 ［D］. 大连: 大连理工大学, 2020.

［107］熊贵明, 邵保平, 吴阳春, 等. 热冲击作用下花岗岩温度场分布规律数值模拟研究 ［J］. 太原理工大学学报, 2018, 49 (6): 820-826.

［108］周广磊, 徐涛, 朱万成, 等. 基于温度-应力耦合作用的岩石时效蠕变模型 ［J］. 工程力学, 2017, 34 (10): 1-9.

［109］Yang Z, Yang S, Chen M. Peridynamic simulation on fracture mechanical behavior of granite containing a single fissure after thermal cycling treatment ［J］. Computers and Geotechnics, 2020, 120: 103414.

［110］Xu Z, Li T, Chen G, et al. The grain-based model numerical simulation of unconfined compressive strength experiment under thermal-mechanical coupling effect ［J］. KSCE Journal of Civil Engineering, 2018, 22 (8): 2764-2775.

［111］Zhao Z. Thermal influence on mechanical properties of granite: A microcracking perspective ［J］. Rock Mechanics and Rock Engineering, 2016, 49 (3): 747-762.

［112］Fairhurst C, Hudson J A. Draft ISRM suggested method for the complete stress-strain curve for intact rock in uniaxial compression ［J］. International Journal of Rock Mechanics and Mining Science & Geomechanics Abstracts, 1999, 36: 281-289.

［113］Williams H, Turner F, Gilbert C. Petrography: An introduction to the study of rocks in thin sections ［J］. Journal of Geology, 1955, 92 (4): 607.

［114］Zuo J, Xie H, Zhou H, et al. SEM in situ investigation on thermal cracking behaviour of Pingdingshan sandstone at elevated temperatures ［J］. Geophysical Journal International, 2010, 181 (2): 593-603.

［115］孙强, 张志镇, 薛雷, 等. 岩石高温相变与物理力学性质变化 ［J］. 岩石力学与工程学报, 2013, 32 (5): 935-942.

［116］赵鹏, 谢卫红, 王习术, 等. 高温下岩石 SEM 实时实验研究 ［J］. 力学与实践, 2006, 28 (3): 64-67.

［117］Sun H, Sun Q, Deng W, et al. Temperature effect on microstructure and P-wave propagation in Linyi sandstone ［J］. Applied Thermal Engineering, 2017, 115: 913-922.

［118］孙强. 岩石风化工程地质效应 ［M］. 徐州: 中国矿业大学出版社, 2013.

［119］田文岭. 高温处理后花岗岩力学行为与损伤破裂机理研究 ［D］. 徐州: 中国矿业大学, 2019.

[120] Rybach L. Thermal properties and temperature-related behavior of rock/fluid systems [J]. Journal of Volcanology and Geothermal Research, 1993, 56 (1): 171-172.

[121] Zhao X, Zhao Z, Guo Z, et al. Influence of thermal treatment on the thermal conductivity of beishan granite [J]. Rock Mechanics and Rock Engineering, 2018, 51 (7): 2055-2074.

[122] Zhao Z, Liu Z, Pu H, et al. Effect of thermal treatment on brazilian tensile strength of granites with different grain size distributions [J]. Rock Mechanics and Rock Engineering, 2018, 51: 1293-1303.

[123] 余寿文, 冯西桥. 损伤力学 [M]. 北京: 清华大学出版社, 1997.

[124] 李驰. 热流背景差异对白云凹陷珠海组砂岩储层埋藏—成岩—孔隙演化过程及储集性能的影响 [D]. 西安: 西北大学, 2017.

[125] 谢和平. 分形-岩石力学导论 [M]. 北京: 科学出版社, 1996.

[126] Li S, Ni G, Wang H, et al. Effects of acid solution of different components on the pore structure and mechanical properties of coal [J]. Advanced powder technology: the international journal of the Society of Powder Technology, Japan, 2020, 31 (4): 1736-1747.

[127] 王为民. 核磁共振岩石物理研究及其在石油工业中的应用 [D]. 武汉: 中国科学院研究生院 (武汉物理与数学研究所), 2001.

[128] 卜宜顺, 杨圣奇, 黄彦华. 温度和损伤程度对砂岩渗透特性影响的试验研究 [J]. 工程力学, 2021, 38 (5): 122-130.

[129] Yao Y, Liu D, Che Y, et al. Petrophysical characterization of coals by low-field nuclear magnetic resonance (NMR) [J]. Fuel, 2010, 89 (7): 1371-1380.

[130] 屈世显, 张建华. 分形与分维及在地球物理学中的应用 [J]. 西安石油大学学报 (自然科学版), 1991 (2): 8-13.

[131] 孙留涛. 煤岩热损伤破坏机制及煤田火区演化规律数值模拟研究 [D]. 徐州: 中国矿业大学, 2018.

[132] 马新仿, 张士诚, 郎兆新. 分形理论在岩石孔隙结构研究中的应用 [J]. 岩石力学与工程学报, 2003 (S1): 2164-2167.

[133] 王金安, 谢和平, 田晓燕, 等. 岩石断裂表面分形测量的尺度效应 [J]. 岩石力学与工程学报, 2000, 19 (1): 11-17.

[134] 李廷芥, 王耀辉, 张梅英, 等. 岩石裂纹的分形特性及岩爆机理研究 [J]. 岩石力学与工程学报, 2000, 19 (1): 6-10.

[135] Ye Z, Wang J G, Hu B. Comparative study on heat extraction performance of geothermal reservoirs with presupposed shapes and permeability heterogeneity in the stimulated reservoir volume [J]. Journal of Petroleum Science and Engineering, 2021, 206: 109023.

[136] Hudson J A. The complete ISRM suggested methods for rock characterization, testing and monitoring: 1974—2006 [J]. Environment and Engineering Geoscience, 2007, 15 (1): 47-48.

[137] Peters W, Ranson W. Digital imaging techniques in experiment stress analysis [J]. Optical Engineering, 1982, 21 (3): 213427.

［138］马少鹏，金观昌，赵永红．数字散斑相关方法亚像素求解的一种混合方法［J］．光学技术，2005（6）：72-75.

［139］马少鹏，金观昌，潘一山．岩石材料基于天然散斑场的变形观测方法研究［J］．岩石力学与工程学报，2002（6）：792-796.

［140］Pan B，Kai L. A fast digital image correlation method for deformation measurement［J］. Optics and Lasers in Engineering，2011，49（7）：841-847.

［141］Kumari W G P，Ranjith P G，Perera M S A，et al. Temperature-dependent mechanical behaviour of Australian Strathbogie granite with different cooling treatments［J］. Engineering Geology，2017，229：31-44.

［142］Siratovich P A，Heap M J，Villeneuve M C，et al. Mechanical behaviour of the Rotokawa Andesites（New Zealand）：Insight into permeability evolution and stress-induced behaviour in an actively utilised geothermal reservoir［J］. Geothermics，2016，64：163-179.

［143］Rong G，Peng J，Cai M，et al. Experimental investigation of thermal cycling effect on physical and mechanical properties of bedrocks in geothermal fields［J］. Applied Thermal Engineering，2018，141：174-185.

［144］Yang S，Ranjith P G，Jing H，et al. An experimental investigation on thermal damage and failure mechanical behavior of granite after exposure to different high temperature treatments［J］. Geothermics，2017，65：180-197.

［145］靳佩桦．高温裂隙花岗岩渗流传热中裂隙围岩演变特征研究［D］．太原：太原理工大学，2019.

［146］Shao Z，Wang Y，Tang X. The influences of heating and uniaxial loading on granite subjected to liquid nitrogen cooling［J］. Engineering Geology，2020，271：105614.

［147］陈世万，杨春和，刘鹏君，等．热损伤后北山花岗岩裂隙演化及渗透率试验研究［J］．岩土工程学报，2017，39（8）：1493-1500.

［148］胡跃飞，胡耀青，赵国凯，等．温度和应力循环作用下花岗岩力学特性变化规律试验研究［J］．岩石力学与工程学报，2020，39（4）：705-714.

［149］Martin C D. The strength of massive Lac du Bonnet granite around underground openings［D］. Manitoba：University of Manitoba，1993.

［150］Brace W F，Paulding B W，Scholz C. Dilatancy in the fracture of crystalline rocks［J］. Journal of Geophysical Research，1966，71（16）：3939-3953.

［151］Martin C D，Chandler N. The progressive fracture of Lac du Bonnet Granite［J］. International Journal of Rock Mechanics and Mining Sciences & Geomechanics Abstracts，1994，31：643-659.

［152］Lajtai E Z. Brittle fracture in compression［J］. International Journal of Fracture，1974，10（4）：525-536.

［153］Eberhardt E，Stead D，Stimpson B，et al. Identifying crack initiation and propagation thresholds in brittle rock［J］. Canadian Geotechnical Journal，1998，35（2）：222-233.

［154］Nicksiar M，Martin C D. Evaluation of methods for determining crack initiation in compression

tests on low-porosity rocks [J]. Rock Mechanics and Rock Engineering, 2012, 45 (4):
607-617.

[155] Diederichs M S. The 2003 Canadian geotechnical colloquium: Mechanistic interpretation and
practical application of damage and spalling prediction criteria for deep tunnelling [J].
Canadian Geotechnical Journal, 2007, 44 (9): 1082-1116.

[156] Stacey T R. A simple extension strain criterion for fracture of brittle rock [J]. International
Journal of Rock Mechanics and Mining Sciences & Geomechanics Abstracts, 1981, 18:
469-474.

[157] Yang S, Ranjith P G, Huang Y, et al. Experimental investigation on mechanical damage
characteristics of sandstone under triaxial cyclic loading [J]. Geophysical Journal International,
2015, 201 (2): 662-682.

[158] Martin C D, Christiansson R. Estimating the potential for spalling around a deep nuclear waste
repository in crystalline rock [J]. International Journal of Rock Mechanics and Mining
Sciences, 2009, 46 (2): 219-228.

[159] 赵星光, 马利科, 苏锐, 等. 北山深部花岗岩在压缩条件下的破裂演化与强度特性
[J]. 岩石力学与工程学报, 2014, 33 (S2): 3665-3675.

[160] 吴刚, 邢爱国, 张磊. 砂岩高温后的力学特性 [J]. 岩石力学与工程学报, 2007
(10): 2110-2116.

[161] Yang S, Ranjith P G, Jing H, et al. An experimental investigation on thermal damage and
failure mechanical behavior of granite after exposure to different high temperature treatments
[J]. Geothermics, 2017, 65: 180-197.

[162] 刘泉声, 许锡昌. 温度作用下脆性岩石的损伤分析 [J]. 岩石力学与工程学报, 2000,
19 (4): 408-411.

[163] 杨逾, 魏珂, 刘文洲. 基于 Lemaitre 原理改进砂岩蠕变损伤模型研究 [J]. 力学季刊,
2018, 39 (1): 164-170.

[164] 唐春安. 岩石破裂过程中的灾变 [M]. 北京: 煤炭工业出版社, 1993.

[165] 曹文贵, 方祖烈, 唐学军. 岩石损伤软化统计本构模型之研究 [J]. 岩石力学与工程
学报, 1998 (6): 628-633.

[166] 李海潮, 张升. 基于修正 Lemaitre 应变等价性假设的岩石损伤模型 [J]. 岩土力学,
2017, 38 (5): 1321-1326.

[167] 蒋浩鹏, 姜谙男, 杨秀荣. 基于 Weibull 分布的高温岩石统计损伤本构模型及其验证
[J]. 岩土力学, 2021 (7): 1-9.

[168] 闵明. 北山花岗岩高温力学特性试验研究 [D]. 徐州: 中国矿业大学, 2019.

[169] Dan D Q, Konietzky H, Herbst M. Brazilian tensile strength tests on some anisotropic rocks
[J]. International Journal of Rock Mechanics and Mining Sciences, 2013, 58: 1-7.

[170] Yanagidani T, Sano O, Terada M, et al. The observation of cracks propagating in
diametrically-compressed rock discs [J]. International Journal of Rock Mechanics and Mining
Sciences & Geomechanics Abstracts, 1978, 15 (5): 225-235.

[171] Zhu W, Tang C. Numerical simulation of Brazilian disk rock failure under static and dynamic loading [J]. International Journal of Rock Mechanics and Mining Sciences (Oxford, England: 1997), 2006, 43 (2): 236-252.

[172] Chen S, Yue Z Q, Tham L G. Digital image-based numerical modeling method for prediction of inhomogeneous rock failure [J]. International Journal of Rock Mechanics and Mining Sciences, 2004, 41 (6): 939-957.

[173] Hudson J A, Brown E T, Rummel F. The controlled failure of rock discs and rings loaded in diametral compression [J]. International Journal of Rock Mechanics and Mining Sciences & Geomechanics Abstracts, 1972, 9 (2): 241-248.

[174] Swab J, Yu J, Gamble R, et al. Analysis of the diametral compression method for determining the tensile strength of transparent magnesium aluminate spinel [J]. International Journal of Fracture, 2011, 172 (2): 187-192.

[175] 李春, 胡耀青, 张纯旺, 等. 不同温度循环冷却作用后花岗岩巴西劈裂特征及其物理力学特性演化规律研究 [J]. 岩石力学与工程学报, 2020, 9 (39): 1797-1807.

[176] 孙文进, 金爱兵, 王树亮, 等. 基于 DIC 的高温砂岩劈裂力学特性研究 [J]. 岩土力学, 2021, 2 (42): 511-518.

[177] Yue Z Q, Chen S, Tham L G. Finite element modeling of geomaterials using digital image processing [J]. Computers and Geotechnics, 2003, 30 (5): 375-397.

[178] 徐纪鹏, 董新龙, 付应乾, 等. 不同加载边界下混凝土巴西劈裂过程及强度的 DIC 实验分析 [J]. 力学学报, 2020, 52 (3): 864-876.

[179] 杨圣奇, 黄彦华, 温森. 高温后非共面双裂隙红砂岩力学特性试验研究 [J]. 岩石力学与工程学报, 2015, 34 (3): 440-451.

[180] 杨圣奇, 田文岭, 董晋鹏. 高温后两种晶粒花岗岩破坏力学特性试验研究 [J]. 岩土工程学报, 2021, 43 (2): 281-289.

[181] Klein E, Baud P, Reuschlé T, et al. Mechanical behaviour and failure mode of bentheim sandstone under triaxial compression [J]. Physics and chemistry of the earth. Part A, Solid earth and geodesy, 2001, 26 (1/2): 21-25.

[182] Filipussi D A, Guzmán C A, Xargay H D, et al. Study of Acoustic Emission in a Compression Test of Andesite Rock [J]. Procedia Materials Science, 2015, 9: 292-297.

[183] Cox S J D, Meredith P G. Microcrack formation and material softening in rock measured by monitoring acoustic emissions [J]. International Journal of Rock Mechanics and Mining Sciences & Geomechanics Abstracts, 1993, 30 (1): 11-24.

[184] Wong T, David C, Zhu W. The transition from brittle faulting to cataclastic flow in porous sandstones: Mechanical deformation [J]. Journal of Geophysical Research, 1997, 102: 3009-3026.

[185] Chang S H, Lee C I. Estimation of cracking and damage mechanisms in rock under triaxial compression by moment tensor analysis of acoustic emission [J]. International Journal of Rock Mechanics and Mining Sciences, 2004, 41 (7): 1069-1086.

［186］ Wong T, Brace W F. Thermal expansion of rocks：some measurements at high pressure［J］. Tectonophysics, 1979, 57（2）：95-117.

［187］ Barton N. Shear strength criteria for rock, rock joints, rockfill and rock masses：Problems and some solutions［J］. Journal of Rock Mechanics and Geotechnical Engineering, 2013, 5（4）：249-261.

［188］ Zhang F, Yashima A, Nakai T, et al. An elasto-viscoplastic model for soft sedimentary rock based on tij concept and subloading yield surface［J］. Soils and Foundations, 2005, 45：65-73.

［189］ Barton N. The shear strength of rock and rock joints［J］. International Journal of Rock Mechanics and Mining Sciences & Geomechanics Abstracts, 1976, 13：255-279.

［190］ Singh M, Raj A, Singh B. Modified Mohr-Coulomb criterion for non-linear triaxial and polyaxial strength of intact rocks［J］. International Journal of Rock Mechanics and Mining Sciences, 2011, 48（4）：546-555.

［191］ 李斌, 刘艳章, 林坤峰. 非线性 Mohr-Coulomb 准则适用范围及其改进研究［J］. 岩土力学, 2016, 37（3）：637-646.

［192］ 周安朝, 赵阳升, 郭进京, 等. 西藏羊八井地区高温岩体地热开采方案研究［J］. 岩石力学与工程学报, 2010, 29（S2）：4089-4095.

［193］ 张宁. 高温三轴应力下花岗岩蠕变—渗透—热破裂规律与地热开采研究［D］. 太原：太原理工大学, 2013.

［194］ Cao W, Huang W, Jiang F. A novel thermal-hydraulic-mechanical model for the enhanced geothermal system heat extraction［J］. International Journal of Heat and Mass Transfer, 2016, 100（sep）：661-671.

［195］ Biot M A. Mechanics of deformation and acoustic propagation in porous media［J］. Journal of Applied Physics, 1962, 33（4）：1482-1498.

［196］ Salimzadeh S, Paluszny A, Nick H M, et al. A three-dimensional coupled thermo-hydro-mechanical model for deformable fractured geothermal systems［J］. Geothermics, 2018, 71：212-224.

［197］ Khalili N, Selvadurai A P S. A fully coupled constitutive model for thermo-hydro-mechanical analysis in elastic media with double porosity［J］. Geophysical Research Letters, 2003, 30（24）：2268.

［198］ Borden M J, Verhoosel C V, Scott M A, et al. A phase-field description of dynamic brittle fracture［J］. Computer Methods in Applied Mechanics and Engineering, 2012, 217-220：77-95.

［199］ 廖椿庭, 吴满路, 张春山, 等. 青藏高原昆仑山和羊八井现今地应力测量及其工程意义［J］. 地球学报, 2002, 23（4）：353-358.

［200］ 蔡美峰, 冀东, 郭奇峰. 基于地应力现场实测与开采扰动能量积聚理论的岩爆预测研究［J］. 岩石力学与工程学报, 2013, 32（10）：1973-1980.

［201］ 李新平, 汪斌, 周桂龙. 我国大陆实测深部地应力分布规律研究［J］. 岩石力学与工

程学报，2012，31（S1）：2875-2880.

［202］万志军，赵阳升，康建荣．高温岩体地热资源模拟与预测方法［J］．岩石力学与工程学报，2005，24（6）：945-949.

［203］李瑞．基于细观力学的岩石热膨胀特性研究［D］．北京：中国地质大学，2016.

［204］Yu P, Dempsey D, Archer R. A three-dimensional coupled thermo-hydro-mechanical numerical model with partially bridging multi-stage contact fractures in horizontal-well enhanced geothermal system［J］. International Journal of Rock Mechanics and Mining Sciences，2021，143：104787.

［205］张洪伟．裂隙岩体剪切—渗流—传热特性及断层地热开发研究［D］．徐州：中国矿业大学，2019.

［206］刘贺娟，童荣琛，侯正猛，等．地下流体注采诱发地震综述及对深部高温岩体地热开发的影响［J］．工程科学与技术，2022，54（1）：83-96.

［207］罗天雨，秦大伟．考虑温差应力的干热岩压裂裂缝开启压力［J］．煤炭学报，2020，45（S2）：717-726.

［208］李维特，黄宝梅，毕仲波．热应力理论分析及应用［M］．北京：中国电力出版社，2004.